远离

HOW TO SPOT A DANGEROUS
MAN BEFORE YOU GET INVOLVED

离

危险关系

亲密关系中的陷阱与觉醒

〔美〕桑德拉·布朗 ◎著　李艳会 ◎译

 北京科学技术出版社

How to Spot a Dangerous Man Before You Get Involved

Originally published by Hunter House Publishers, an imprint of Turner Publishing Company, LLC

Copyright © 2005 by Sandra Brown

Simplified Chinese Copyright © 2024 by Beijing Science and Technology Publishing Co.,Ltd.

All rights reserved.

The simplified Chinese translation rights arranged through Rightol Media （本书中文简体版权经由锐拓传媒取得 Email:copyright@rightol.com）

著作权合同登记号　图字：01-2024-2703

图书在版编目（CIP）数据

远离危险关系 /（美）桑德拉·布朗著；李艳会译
. — 北京：北京科学技术出版社，2024.8
　书名原文：How to Spot a Dangerous Man Before
You Get Involved

　Ⅰ.①远⋯　Ⅱ.①桑⋯②李⋯　Ⅲ.①女性心理学 –
通俗读物　Ⅳ.① B844.5–49

中国国家版本馆 CIP 数据核字 (2024) 第 105183 号

策划编辑：张子璇
责任编辑：张子璇
责任校对：贾　荣
排版设计：管银枝
责任印制：吕　越
出 版 人：曾庆宇
出版发行：北京科学技术出版社
社　　址：北京西直门南大街 16 号
邮政编码：100035
电　　话：0086-10-66135495（总编室）0086-10-66113227（发行部）
网　　址：www.bkydw.cn
印　　刷：北京宝隆世纪印刷有限公司
开　　本：710 mm × 1000 mm　1/16
字　　数：250 千字
印　　张：19.5
版　　次：2024 年 8 月第 1 版
印　　次：2024 年 8 月第 1 次印刷
ISBN 978-7-5714-3914-9

定价：79.00 元

目录

危险男人各种各样。他们溜进我们的生活，看起来毫无异常，至少一开始是这样。没有什么醒目的霓虹灯能够提示他们具有危险性，也没有什么普遍适用的标准描述能够说明他们的长相或者行为是什么样的。此外，职业、眼球颜色和脸型也都统统没有提示效力。大多数时候，他们混迹在社会人群里，和其他我们想要接触的正常男人没什么两样。

第二章　危险预警——认识、感受、觉察和听从

我们并不是盲目无知的迷途羔羊，我们是由知而行的
能动主体。我在这里说的绝不是受害者有罪论，我想
说的是你对自己所负的责任。

66 | 第三章　永久黏人型男人

永久黏人型男人看起来情感细腻、温暖体贴，这项品质足以令很多女人倾心。像你的闺蜜一样，他们有着丰富的同情心，强大的共情能力，会为过往的伤痛伤心落泪。但实际上，这种最初吸引女性的柔情，最终也会是让人想逃离的缘由。因为他细腻的情感实际上只是掩盖了严重的心理问题。他对伴侣极端依恋，而罪魁祸首很可能就是他在童年早期的需求没有得到满足。

84 | 第四章　寻求抚育型男人

寻求抚育型男人所寻求的，是一个永远缺席的亲人，也许是在他们成长过程中从未陪在身边的父亲，或者是没有温情的母亲。许许多多寻求抚育型男人，都有着复杂的成长经历，比如被他们的母亲抛弃，或与她们长期分离。但问题在于，他们总是在追寻那个永远不在场的父亲或母亲的形象。这意味着，即便有另外的人试着像母亲一样关怀他们，比如说他们正在交往的女性，但是他们少年时期的那个父亲或母亲永远都是缺席的，他们灵魂中的空洞就是那个缺位的父亲或母亲的形状，而你的形状永远无法与之完全契合。

第五章　心不在焉型男人 ｜104

绝大多数心不在焉型男人，只是想跟你发生性关系。一个不变的事实是，他们的心被除你之外的事物占据。这些男人完全明白这一点，可是很多女性往往看不清。于是女性会越来越期待、一直在等待这个男人有一天真正与自己产生情感联结、对自己做出承诺。但是正如心不在焉的字面意思，这类男人既不期待也不想要——甚至不知道怎样去期待与他人建立深度的情感联结。也许正是因为女性的步步紧逼，他才要不停地更换或者增加伴侣。他完全不愿意与他人维系深度感情，同时也不能体会与他人维系深度感情是什么样的。

第六章　隐藏秘密型男人 ｜132

有些人背负着心理问题，这让他们形成了这样一种满载秘密和谎言的生活方式；另外一些人则有着艰难的童年或者父母故意离群索居；隐藏重大秘密的男人通常不会与别人产生真正的情感联结。占据他们注意力的是兴奋感、肾上腺素、惊险刺激，而不是来自他人的爱。他们渴望的是瞬间的极乐，是你追我赶，是不被警察、母亲或者你抓住。

《飞越疯人院》《沉默的羔羊》和《美丽心灵》里的角色无法帮助我们识别现实生活中的危险男人，因为很多精神病的表现并不像电影刻画的那么夸张。世界上有很多有精神问题的人，可能根本没有得到过任何临床诊断，一方面是因为他们没有寻求治疗，另一方面也因为即便去寻医问诊也未能诊断出真实的病症。

成瘾者终其一生都要与自己的欲望斗争。即便有些成瘾者已经戒瘾，后面也会持续地复发，无论他们是物质成瘾还是行为成瘾。一段长期的清醒并不意味着他已经解决了与成瘾有关的所有问题，也绝不意味着成瘾者已经具备了任何经营情感关系的能力。

第九章　施虐型或暴力型男人 | 196

施虐型男人在关系之中必须要制胜，要领先，一旦你的个性或者需求威胁到了他的权力感和控制感，他就很可能会对你施以暴力。虐待并不会一开始就那么粗暴和显眼。虐待最初的表现形式可能只是一些不太起眼的冒犯，接着才会演变为性质恶劣的、覆盖几种虐待类别的行为模式。

220 | 第十章　情感捕食型男人

情感捕食型男人天生就具有一项本领，他们能够一眼看出哪些女人是孤独的、无聊的、不自信的，是受过情伤的或是脆弱的。他们会伸出直觉天线，捕捉女性释放出的潜意识信号，确定女性身上未被满足的需求。

248 | 第十一章　危险男人的行为表现

人际关系中的边界约定着双方交往活动的范围。在情感生活中，我们划定边界以保护我们的身体和我们的尊严。好的边界能够说明我们所持的立场，能够告知对方，我们能容忍什么。在一段健康的感情中，双方都有明确的自我认知，彼此都不害怕与对方不同，也不会认为两人之间存在不同有什么可怕。

致　谢

感谢我的丈夫肯，他对男性同类的深刻了解推动了本书的概念搭建；感谢我挚爱的女儿琳赛和劳伦，作为母亲，我希望你们以后到了婚恋阶段能择良人、远渣男；感谢我的母亲乔伊斯和妹妹琳达，她们身为女人，对男人可能给女人带来的危险具有敏锐的洞察力。最后，还要感谢我在十五年从业生涯内所接触到的所有女性同胞，谢谢她们敞开心扉分享自己与危险男人交往的痛苦经历。愿她们所贡献的故事，能带给我们更多的智慧、知识和选择，以及最重要的——安全。

重要提示

本书旨在帮助女性辨别危险的或具有潜在危险性的两性关系。作者已尽量确保所提供的资料的准确性和可靠性。编写本书前，作者进行了专业调研，同时也咨询了其他专业人士的意见。不过，须提醒读者的是，对同一个问题，本领域的专业人士也往往有不同的见解。

因此，出版社、作者和编辑以及书中被引述的专业人士，对本书中的任何错漏、专业意见分歧或资料的时效性均不承担任何责任。如您因个人自用或在执业医生的知情下使用本书信息而导致不良后果，作者和出版社均不对此负任何责任。如果您对如何运用本书知识存疑，请咨询专业的心理咨询师。如果您正处于暴力或潜在的暴力关系中，请拨打全国妇女维权热线12338或报警。

序　言

至上女声组合（The Supremes）的歌手戴安娜·罗斯和我的妈妈说得对："急于恋爱"的女人往往会鼻青脸肿地发现，爱来得没那么容易。桑德拉·布朗在本书中指出，当代社会对两性亲密关系的急切追逐，正诱导女人与危险男人跳起"加害共舞"。我们看到许许多多的女人，无论她们身处哪个年龄段、拥有怎样的文化和社会经济背景，或是接受过何种程度的教育，都可能被过去的"有毒的爱情"伤得体无完肤，却又随时打算扎进下一个坏男人的怀抱。

如果你想知道那个"伤害女人"的男人伤害她们的细节，可以去听听蓝调怨曲。但本书中，桑德拉则进行了更深入的剖析。她教女性辨别不同类型的危险男人，并教她们远离渣男编织的危险罗网。这些关系对女人来说有时甚至是致命的。作为一名长期为暴力受害者提供心理服务的咨询师，桑德拉运用她在工作中磨练出的专业技能，简单而有力地揭示了危险男人的本质：他们可不仅是殴打女人或沉溺于成瘾品而不顾自己亲生骨肉死活的人渣，还是会以某种方式损害女人的情感健康、身体健康、经济健康、性健康或精神健康的各种各样的男人。根据心理学的研究，危险男人的危险性是一种普遍而永久的行为模式，带有精神疾病的性质。这对所有年龄段的女性来说都是一记警钟。它告诉女人，对于具有伤害性的男人，你一定不要妄想去改变他的本质，而是要行使你趋利避害的权利。因为即便是最专业的心理学人士，也无法改变他们的这种危险本质。

如果一个女人有勇气接受上述真相，并敢于检视自己在选择婚恋对象方面的有害行为模式，那么她就有机会挣脱自身的枷锁，找到真正爱惜自己的男人并进入良性的亲密关系之中。桑德拉·布朗非常肯定地告诉我们，这个世界上存在着尊重和爱护女性的好男人。这样的男人会是最愿意为这本书鼓掌的人，因为他们不希望自己的母亲、姐妹、女儿、阿姨、朋友或女同事成为危险男人的猎物。

　　桑德拉给读者留下了希望，她告诉女人们如何辨别体内预警系统发出的信号，如何利用这些直观的警告在为时已晚之前逃离魔爪。正如她在书中的警告："你只有先看到危险，才能规避危险。"希望本书能够让正遭受危险男人伤害的女性及时止损，能让多一个女人挽回自己可能即将失去的尊严、理智、金钱，甚至是生命。

凯西·欧文

教育学博士

认证心理学家

佛罗里达心理健康咨询师

前　言

我是女人，也是母亲；我接诊过作为受害者的女性，也曾与作为加害者的危险男人面对面。这些过往的身份和经验，让我能够从不同的角度看待危险男人的问题。随着时间的推移，我从受害者和加害者的经历中发现了一些发人深省的现象。多年来，我一直密切关注与女性相关的社会问题，也从职业经验中洞察到一些现实背后更为深刻的问题。在此基础上，凭借着自己的心理学专业知识、意识里对父权的恐惧和思想里的女性主义立场，我自然而然地想撰写这样一本书。

我对危险男人的了解，源于我的职业。我做了十五年的心理咨询师，接触过许多暴力犯罪案件中的女性受害者。这些女性在婚恋生活中遭受了危险男性的伤害，包括袭击、跟踪、强奸、情感侵害、经济剥削以及诱拐孩子。她们有的得以从危险男人手中逃出生天，有的则不幸殒命。从她们的故事中，我了解到，危险的男人对信任他的女人会使出什么手段。

另一方面，我还从事过精神病学研究，并在精神疾病治疗方面有着不少经验。精神病学主要是研究和治疗那些已经患有和将继续患有永久性精神疾病的人。我在私人诊所、社区心理健康机构、封闭式精神病院、教堂和疗养中心的治疗项目中接触过不少精神疾病患者，其中男女都有。从这些病人身上，我了解到他们追求异性对象的行为模式、追求成功后的行为发展、双方亲密关系的背景、自身性格的巨大抗变性，以及能够成功俘获和留住关系对象的原因。我还治疗过虐待他人、实施家庭暴力、性成瘾、强奸女性或虽未承认但有理由被怀疑侵害了多位女性的男人。

与受害者和加害者的日常接触，激发了我深入探索极端精神疾病和极端危险加害者的兴趣，于是我开始研究连环杀手和连环强奸犯。随着我对精神疾病和加害行为的理解越来越清晰，我脑海中开始浮现出越来越明确的危险男人的类型以及他们选择加害的女人的"画像"。由于一边治疗受害者，一边倾听加害者的自述，我的意识里开始自然萌发出一串因果链条，我开始能看清双方关系中的规律、关联，开始明白谁出于什么原因在追求谁、谁又出于什么原因回应了谁的追求。我看到女人们是如何无视直觉发出的危险预警信号，刚摆脱第四个危险男人又一头扎进第五个的怀抱。我观察了女人选择伴侣的行为模式，以及这些模式与男人的择偶模式有着怎样的重叠。当受害者的人格特征与加害者的精神问题发生奇妙的耦合，随之而来的便是一场极度危险的游戏。

我感到失望的是，当遭遇危险男人的女性向外界求助时，外界反馈给她的信息常常是无用的，而她又找不到那些真正对自己有用的信息。"基于支持和鼓励的心理咨询"似乎只是受害者和咨询师之间的抱团悲鸣。咨询师告诉受害者："等你准备离开他时，再联系我吧！"这类干预丝毫不能打破女性屡次三番遇人不淑的恶性循环。当这些女性受害者转而向我求助时，往往已经遭受了来自多个危险男人的多年的伤害，她们甚至已经辨认不出什么样的男人是危险的，什么样的男人是"正常的"。多年来遇人不淑的经历已经让她们变得混乱而麻木。

有什么知识是女性需要学习却没人教过她们的？在女性成长的过程中，她们接受的社会教育里到底缺失了哪个能帮她们摆脱亲密关系困境的关键？这个部分不仅能帮助她们从当前的有害关系中抽身，还能帮助她们避免未来再次陷入危险。这个在传授社会经验的过程中被遗漏的部分究竟是什么？

基于这样的拷问，我开始教给女人们我所掌握的有关精神疾病的知识，帮助她们理解为什么她们的伴侣是危险的，以及为什么他们因为自己的精神疾病永远不会改变危险的特质。传播这一认知是拯救她们的唯一有效手段。随着女人们逐渐掌握这些知识，明白这些道理，她们在与危险男人的接触中，开始能够及早发现他们的真面目并设法脱身，由此避开潜在的灾难和危险。

我对现实的失望也促使我创作本书。针对亲密关系中女性受害者的旧式干预法显然没什么成效。自 20 世纪 70 年代以来，我们这些心理健康从业者，看着我们的女性客户从我们的门口进进出出，一次次地扑进危害性极强的亲密关系之中。所以，女性需要行之有效的工具来识别危险的男人，因为只有先辨别出危险，你才能避开危险。希望你在书中能学到我在咨询服务中给客户提供的那些方法。也就是说，我希望这本书帮你鉴别危险的男人，在婚恋路上趋吉避凶。运气好的话，你会从此学会明辨危险男人的类型，并能捕捉自己内心源自本能发出的暗示和预警。有了这两项本领，你将能够更好地决定与什么样的男人约会，和什么样的男人建立感情。

为了保护客户隐私，本书案例中提到的男人和女人都是化名，身份特征也都经过了处理。

桑德拉·布朗

导　语

　　在我们的生活环境中，存在着危险男人。作为女性，我知道他们的存在本身对所有女性的安全都构成了威胁；作为母亲，我能够预见我自己的女儿将来在谈恋爱时，身边也可能会出现具有伤害性的年轻男性；作为治疗暴力犯罪女性受害者的心理咨询师，我看到很多女人屡次三番地投进了危险男人的怀抱；作为精神病理学家，我还直接接触过这样的男人。我认识到，有人之所以会选择与心理不健康的人恋爱和结婚，是因为她们对精神疾病一无所知。因此，我想向非专业人士解释精神疾病的含义，希望能让每个女人在遇到这类异常男性时，能够辨别出来他们。所以，本书有别于那些以暴力、不健康亲密关系和女性问题为主题的出版物。

　　本书每个章节都包含一个或多个女性在现实中的故事，她们或多或少都与危险男人交往过。其中一部分故事来源于我经手过的真实心理咨询案例，咨询对象有时是受到伤害的女性，有时是作为加害者的男性本人。至于这些故事浓缩了多少现实中的人或事，我很难算得清楚，因为在我十五年的咨询生涯中，我曾经见过成百上千个这样的案例。还有一部分故事来源于我的身边，我目睹了我的一些女性朋友在亲密关系中受尽折磨。另外我的朋友还给我介绍了她们的朋友，我也截取了一部分这些女性令人唏嘘的情感故事。

　　此外，我还曾在网络上发帖征集网友的经历，我收到了大约五十名女性网友的回复。她们来自美国、加拿大、英国、澳大利亚、以色列和印度尼西亚，我也将她们所吐露的部分经历写在了书中。

在与这些女人面对面或者通过网络交流时，我都问了她们一些非常具体的问题，以确认她们的精神健康状态、儿童时期从原生家庭中获得的教育，以及她们对社会、文化和女性身份的认识。这些问题同时还包括恋爱史、她们总共交往过多少男人、其中有多少个是危险男人、这些男人又涵盖几种类型、交往期间她们的身心发出了哪些预警信号、为什么她们选择忽视这些信号以及忽视带来的代价和后果是什么。

介绍每个故事时，我会尽量指出女主人公的身份背景。但是我们要记住，任何女性都有可能交往到可怕的男人，无论你年龄多大，接受过什么程度的教育，是单身、已婚还是离异，属于什么种族或拥有怎样的宗教信仰，是否有孩子，居住于城市还是农村，职业是什么（哪怕你的职业敏感性本该让你能够辨别出危险），是底层穷人、中层小资还是生活优渥的富人，是处女之身还是拥有丰富的性经验。遇人不淑是女性群体的普遍经历。

这些女人的经历和背景特征，有助于我明确女人的择偶倾向，归纳相似的感情经历，从而让我们可以更好地理解女人对不同类型的危险男人的回应模式。对照着这些故事来检查你自己的感情关系应该并不困难。我们过去可能经历过危险的男人，未来也仍然会遇到这样的人。

要最大程度吸收本书的营养，你需要保持开放的心态，对自己坦诚，实事求是地检视你过往挑选的恋爱对象。没有人想要承认，自己是因为愚蠢轻信才会交往或嫁给危险男人的，但你只有赤裸裸地剖析自己的恋爱历史，才能够辨认出自己的行为模式，并相应地做出改变。本书中的女人们勇敢地站出来贡献她们的故事，就是希望你能对照着她们的遭遇，来确认在你的婚恋关系里是否也有相似的元素。她们希望你不要自欺欺人，辩解说你的男人和她们遇到的那些不同，她们想要你睁大眼睛看清真相：你也不过是危险男人的猎物。你们所选的男人的差异不足为道，他们之间的相同之处才是需要我们关注的。

我希望你能够炼就一双火眼金睛，去比对你的男人和故事中的男人是否存在一些相似之处，只有这样你才有可能摆脱一段危险的关系。与其着急辩解说你的男人和她们的男人不一样，为什么不给自己一点时间，睁眼去看一看他们之间是否有相似之处呢？何不让你自己保留一份对上面这个问题的疑虑？不要着急为他开脱，因为一旦你在心里给他贴上"安全标识"，那么你以后就不会再留意一些提示危险的信号。如果你能够敞开心扉去阅读、思考和倾听你内心深处对曾经和现在的这些男人的看法，那么书中的故事应该能给你一些启迪。在我们的研讨会上，有一位女性说："我一直觉得我的丈夫和这些男人不同。我来这里只是为了掌握一点基本知识。但当我带着这些知识回家，并有意识地去观察和怀疑他，我发现他是一个恋童癖，他一直在虐待我的孩子。如果我从一开始就拒绝把他和危险男人的类型联系起来，那么我可能永远不会发现他的真面目。所以，姐妹们，一定要保持开放的认知态度。"

为了这个目的，本书的中间章节（第三章到第十章）介绍了危险男人的各种类型以及他们是如何成功向女性求爱的。这些章节同时还介绍了一些自卫策略，用来帮助你早一点识别这些男人，以免自己陷得太深难以脱身。第一、二章是后续内容的铺垫。在第一章中，我对"危险"一词进行了定义，罗列出了危险男人的几种类型，并讨论了哪些类型的男人患有精神疾病。在本书的第二章，我指出每个女人都有一个内置的生物预警系统，可以在她们遇到危险时给自己发出预警信号。但可惜的是，很多女人主动解除了这些警报机制。此外，我还解释了她们是如何以及为什么解除这些警报机制的。

第十一章和第十二章讨论了哪些预警信号可以提示一个男人有问题，什么是健康的边界和关系，以及女人自我折磨的行为模式和思维模式。此外，第十一章还包含一个问卷，标题是"再遇危险男人的风险"，供你测试你再次遇到危险男人的几率有多大。

最后一章，也就是第十三章，介绍了女人成功摆脱危险男人的故事，这些故事可以给你以后的行动提供经验。你可以通过改变自己此时的选择，得到将来与一个心理健康的男人建立一段健康关系的可能性。这一章传授了摆脱困境的方法。本书的目的是帮助你分辨危险、拥抱安全和做出改变，但是你究竟是否愿意改变，最终取决于你。你审视自己行为的能力，将在很大程度上决定你以后与危险的男人还会有多少次纠缠。如果你在一个故事中看到了自己的影子，那么一定把它记在心里。这并不意味着你很愚蠢，只能说明你过去选择了一个有害的关系对象。利用经验的最好方式是借鉴经验。拒绝从痛苦和经验中获取养分，是不明智的。在这个世界上，谁会喜欢痛苦呢？但如果我们不幸遭遇痛苦，最好的应对方式是从痛苦中成长，不让所遭受的痛苦白费。

让痛苦的经历教训自己，避免二次犯错吧。一个一辈子只被一个危险男人伤害过的女人和一个一辈子在垃圾男里打转的女人，她们的区别在于：前者从错误中立即吸取教训，后者则拒绝学习，寻找借口，拒绝让自己通过学习有所成长。作为一名心理咨询师，当我看到一个一生辗转于各式危险男人之间的五六十岁的妇人时，我感到非常悲伤。她在青春年少时与有妇之夫纠缠不清，又将十年的光阴托付给了一名瘾君子，继而又被一个暴力型男人折磨了十五年，接下来的十年时间又被一个精神异常的男人和一个情感捕食型男人平分。暮年之际，她回首一生，发现竟没有享受到片刻来自于亲密关系的幸福和宁静。她想知道自己的余生是否还能得遇良人，弥补她千疮百孔的过往。她捶胸顿足，一腔悲愤，恨自己将这唯一的一生都浪费在等待和幻想那些危险男人会有所改变上。现在她才清醒：这些男人永远不会改变，能改变的只能是自己的选择。痛苦敲打了她三十年，才让她开窍。

　　虽然本书的主题讲的是让你在恋爱之前就辨认出危险男人的面目，但是书中的故事全部都是关于已经陷入亲密关系的女性的。此外，介绍各类型危险男人的章节中均列有提示危险的行为清单，只要看一眼你就会明白，绝大多数时候，你至少还是需要和一个男人聊几次天之后才能够确认他是不是一个危险的选项。有时候，你甚至需要从别人那里获取足够的信息来确定他的安全级别。有时你收集到的信息令你不安，直接让你打消了和他继续交往的念头。希望你能越来越擅长辨识这些危险的男人，这样你在他们身上浪费的时间就越来越短。同样，随着你越来越会调查和考察男人，重视自己的预警信号，倾听其他聪明女人的指点，你对男人的判断也会越来越准确，并最终炼成"绝危体质"。

第一章

危险男人的外在特征

危险男人各种各样。他们溜进我们的生活，看起来毫无异常，至少一开始是这样。没有什么醒目的霓虹灯能够提示他们具有危险性，也没有什么普遍适用的标准描述能够说明他们的长相或者行为是什么样的。此外，职业、眼球颜色和脸型也都统统没有提示效力。大多数时候，他们混迹在社会人群里，和其他我们想要接触的正常男人没什么两样。

　　危险男人各种各样。他们溜进我们的生活，看起来毫无异常，至少一开始是这样。没有什么醒目的霓虹灯能够提示他们具有危险性，也没有什么普遍适用的标准描述能够说明他们的长相或者行为是什么样的。此外，职业、眼球颜色和脸型也都统统没有提示效力。大多数时候，他们混迹在社会人群里，和其他我们想要接触的正常男人没什么两样。这也意味着，要甄别危险男人只能靠我们自己。但是有太多女人都是这样为自己的故事开头的："我并不知道他是这样的人，我一开始没觉察到有什么不对劲儿，我信了他的话。"

　　我们知道，在美国，每天都有女性遭受殴打、强奸、虐待和谋杀，而罪犯大多数是危险男性。我们知道，每一天家庭暴力庇护中心都会接收很多女人，保护她们免受危险男人和他们行为的伤害。最初女人们并没有觉察出来这些男人和这些行为是危险的。今天我得到通知，我之前服务过的一名家庭暴力受害者，被她的伴侣枪击了。在美国的每一个城市，都有女人正在因为男人带来的伤害接受心理咨询和帮助，而这些男人还不仅仅是表现出行为暴力的男性。下文就会指出，男人的危险性呈现出多种组合特征。

　　但是，如果有数以百万计的女性继续选择与堪称危险的男性在一起，这背后肯定有我们没有注意到的关键。许多女性能敏锐地看到别的女人身处险境，但是由于她们与生俱来的自体安检系统出了漏洞，自己羊入虎口却不自知。我们会疑惑，"难道她不知道他打女人吗？不知道他酗酒吗？不知道他犯过罪吗？"当另一个女人的生活遭遇危险时，我们就会竖起耳朵、瞪大眼睛、张开"天线"。但当涉及我们自己的生活时，我们的"天线"经常短路。我们声称自己明白危险男人和与他们产生羁绊的女人之间的关系本质，但我们自己却成为了危险男人的女朋友和妻子。

危险男人一直生活在我们周围，而且永远都不会消失。想等社会发展成一个只有好人存在的乌托邦是不现实的。因此，我们有义务保护自己。我们应该了解并留意危险男人的外显特征，了解他们的形象和行为，也就是心理学家口中的"呈现"。这种辨识力是一种人生技能，可以让这些人远离我们或者我们的生活。你无法避开你看不到的危险，而本书的目的就是帮助你甄别这些危险，做出安全的选择。

女性为什么会选择危险男人？

我先来解释一下"危险男人"的定义。我用这个词来表示任何对伴侣情感、身体、经济、性或精神健康造成损害的男人。男女关系中男性能够对女性造成的伤害并不局限于身体或性的层面。女人往往忽视了这一点，她们觉得，暴力是区分一个男人是否危险的唯一标准。危险男人实施的伤害有多种类型，我们需要仔细鉴别。这一定义为我们提供了一个广泛的基础，在此之上，我们可以检查我们的生活中是否存在一些已经或可能会造成我们情感世界崩塌、让我们需要花费数月或数年疗愈自己的男人，或者更可怕的——可能会要我们命的男人。我故意把定义设得宽泛，以便把与危险、病态擦边的男人也包含在内，因为他们有一天也可能会"转正"，对女性实施上述一种或多种形式的伤害。

女性想知道自己为什么选择这样的男人。在我的研究过程中，女人们一直在问这个问题。是因为女性害怕孤独吗？是因为我们过去总挑错男人吗？是因为我们本能地相信什么样的男人都值得交往吗？是我们喜欢和一个不正常的男人在一起时的刺激吗？是痛苦的离婚经历会让我们更容易选择危险男人吗？是因为我们的原生家庭给了我们有毒的家庭教育吗？为什么社会上那么多女人选择危险男人作为另一半？为什么针对妇女的家庭暴力犯罪一直没有显著下降？自 20 世纪 70 年代推出暴力干预计划和妇女服务以来，我们开始对这些广泛的社会现象有了一些了解。

所有这些都指向一个问题：我们是否能识别自己遭遇的危险男人，以及清楚他们是如何进入我们的生活的？还是我们当局者迷，只能在旁观其他女人的遭遇时才能耳聪目明？我们是否对这种现象有深入的了解，并且已经将所学知识应用于自身，并做出了有意义的改变呢？

这些问题的答案必然是"否"。虽然知道世界上确实存在危险男人，但许多女人在决策自己的婚恋时却从不考虑这个事实。因为听过防范强奸的讲座，学过一些有关女性安全的技巧，绝大多数女人就开始自信地声称，对危险男人了然于胸。我们从小就在学习物理意义上的防御技能，但显然没有建设情感层面的自卫能力。

虽然大家都知道这个世界上存在着危险男人，但是女性却并未因此提高警惕。难道是因为女性获取这条知识的途径通常是母亲或者长辈，而他们只会简单粗暴地警告我们要远离危险男人？还是说因为我们在讨论这个问题通常只是故作神秘的泛泛而谈，无法帮助她们真切地感受、观察和避开危险男人。且不论原因是什么，无可争议的事实是，无论是家庭、女性运动还是社会，都没有能够有效地帮助女人定义和识别危险男人，这一点是不争的事实。不然，也不会有那么多女人落入虎口。

如果我们能确认哪种"类型"的女人容易吸引坏男人，事情就好办多了。我们可以通过匹配某些特征把她们都挑出来，并专门对她们进行教育。但这个世界上各种类型的女性，都会在伴侣选择上行差踏错，被猪油蒙心，因此受害女性样本无法帮我们勾勒出一个受害者画像出来。当然，不幸的童年经历、糟糕的原生家庭结构或原生家庭成员的行为、遭受过虐待的经历和自身有心理障碍，这些因素都会增加女性回应、挑选危险男人的概率（在第二章中，我们将会详细分析影响女性选择和回应危险男人的特定因素；并在关于危险男人的类型的章节中展开说明。）不过我还要再次强调，我们必须明白，各种类型的女人都可能会落入危险男人的陷阱。

淡化和美化

我们之所以不能准确把握危险男人的定义，是因为我们的社会没有足够丰富的语言来描述这些男人的类型。在不同的时代，我们会给他们起不同的绰号，比如说"坏男孩"、"社会哥"或"浪子"等。我们在形容这些男人的时候，经常会故意避开他们所做的具有破坏性甚至是涉及犯罪的行为。我们会说"他脾气有点不好""他日子过得不太顺心"，或"他特别男人"。我们抱着大事化小、避重就轻的态度，故意避开他的本质特征，转而去关注一些外部标签：比如他的家庭、财产、住所或职业。我们对男人的本质特征讳莫如深，而这些特征正是他过去的肇祸之根，也是他今天能对女性造成危害的原因。我们淡化他不堪的过去、负面的行为特征以及正面特质的缺失，我们将这些都看作他的历史，就好像这些既说明不了他现在的、也说明不了他未来的发展或行为。

我们倾向于将危险男人的特征视为男性的"正常"特征。我的研究表明，这是迄今为止女性使用的最普遍的防御机制。许多参加过我研讨会的女性都哀叹，如果她们把我对危险男性的描述当了真，"这世界上就没什么值得约会的男人了"。这也说明，许多女性把男性的危险行为当作是男性的正常行为；还有些女性虽然发现了男人的行为问题和心理问题，但却转过身只看他别处的好，比如感念他"陪伴自己""有魅力""哄她开心"，或者乐于助人。女人会重新包装发现的问题，并给它们重新起个名字。

但为什么会是这样呢？关于危险男人，社会都教了我们什么呢？在音乐录影带和电影里，年轻的女孩子与暴力分子爱得荡气回肠，正常的女孩和伪装成正常人模样的不正常男人走在一起，仿佛他们演绎的正是标准的浪漫爱情。难怪我们的文化无法区分危险男人和正常男人。危险男人正在被打造成多数女孩可能的，甚至唯一的选择。屏幕上的这些"坏男孩"还都出手阔绰——天知道他们的钱是哪来的，金钱的加持增加了他们的魅力。

当然，这些都不是新鲜事。各个时代的电影都有相同的主题：危险男人俘获"正常"女人的芳心。《西区故事》（*West Side Story*）里玛丽亚爱上了一个街头混混；20世纪80年代上映的《肮脏的舞蹈》（*Dirty Dancing*）里也有类似的刻画。汉弗莱·博加特经常扮演边缘人与良家女子陷入爱河。几十年来，我们一直被灌输危险男人的浪漫化形象。如今，电视、电影和音乐节目比以往任何时候都更多、更具暗示性，并且更强烈。演唱会上，我们看到曾经是大明星的小甜甜布兰妮·斯皮尔斯的脖子上缠着狗绳匍匐在地，周围是一群暴徒形象的舞者。在歌星埃米纳姆的一个音乐视频里，当他威胁要杀人时，身边还有一名年轻女子抱着他的手臂。在电视节目《吉尔莫女孩》（The Gilmore Girls）中，女孩子们都是耶鲁大学的高材生，但其中的罗里却一直和一名不务正业的辍学男生保持着长久的恋爱关系。还有惠特尼·休斯顿，虽然她在自己的音乐事业中光芒万丈、屡获大奖，却无法摆脱暴力成性的鲍比·布朗。还有帕米拉.安德森，纵然绝色倾城，也还是在忍受了汤米·李的家暴多年之后才离婚。这些女性甚至还是我们的文化塑造的女性楷模，如果连她们都与危险男人在一起，可想而知，危险男人简直就成了一个呈现给女性的正常选项。我们知道这种社会宣传是非常有效的。如果你不信，只要白天打开电视去看一看杰里·斯普林格[1]或者莫里·波维奇[2]的电视秀，就能发现，一些病态的两性关系都被塑造成是正常的恋爱，包装好后成为了娱乐谈资。

对危险进行自定义

有些女性需要经历四五个危险男人之后才开始交往靠谱的男人。之所以如此，是因为我们作为女人，不会结合自身的经历和理解，用自己的语言定义危险男人。我们一直采用别人的定义，比如别的男人、自己的母亲、文化或者媒体的定义。无论我们对男人危险性

---

[1] 杰里·斯普林格（Jerry Springer）：美国知名主持人。

[2] 莫里·波维奇（Maury Povich）：美国知名主持人，他的《莫里秀》（The Maury Povich Show）是红遍美国 30 年的谈话类节目。

的定义是通过什么渠道获取的，我们总是不能内化这个定义，用它来武装自己。根据自身的经验创作个人化的定义语言，是改变我们行为习惯的关键所在。要想纠正以前的错误决策，首先要有一套自己对危险的理解。

在我们成长的过程中，肯定有人给我们讲过有关危险男人的知识，但只有我们检视自己的"历史"，从中总结出一套属于自己的经验性理解，才能在恋爱中保护好我们自己。我说的历史，既包括我们是怎样养成一些特定的性格让我们去选择特定类型的男人，也包括我们使用什么语言去描述和定义男人，以及我们自己的恋爱模式。我们必须明白，掌握有关危险男人的知识，并不等于能够在陷入与他们的关系之前就认出他们。只有仔细反省自己的过去，才能对"危险男人是什么样的"形成自己个人化的认知，并使用这种认知去影响未来的决策。这也是为什么，本书所提供的信息能够帮助女性改变自己的决策行为，而一些妇女项目或服务却做不到。另外，如果能借鉴别的女性的经验而不必以身试险，是一个更明智的做法。

出于这个目的，第十一章和第十二章将会对两性关系中的不健康行为和健康行为进行比较。这两个章节讨论了建立健康边界的必要性，并指出，坚实的边界可以让女人筛选出更优质、更健康的伴侣。第十一章还包含一个重要的问卷，题目是"再遇危险男人的风险"。等你阅读了前十章的内容后，可以填写这个问卷来测试你交往危险男人的风险是低、是中还是高？最后，第十三章还分享了一些女性的成功案例，故事中的女性纠正了自己原本错位的轨迹，她们从过去汲取教训，让自己过上了幸福的生活。这些女性的故事说明，你也可以拥有更健康的关系。

本书还附带一本练习册，可以帮助你更深入地识别和避开危险男人。练习册里的习题将引导你反省你在选择男人方面的固定模式，让你能够重新连接过去被你无视的预警信号。幸运的是，你现在仍然可以从这些预警信号中学习经验教训。最后，本练习册还可以指导你定制一个"约会黑名单"。如果你能用这种方式积极探索和利用你的过去，你的过去就能成为你最好的"老师"。等以后你再结识新的男朋友时，可以拿他与你的那些前任比较。以从过去汲取的教训为基础，把这些教训转化成理论来指导你改进后面的婚恋决策。

危险男人的类型

多年来我接触了大量危险男人和那些与他们建立婚恋关系的女人，根据我的这些经验，危险男人大致可以分为八种类型，他们正朝思暮想地等待着你的到来。现在我来一一介绍这些类型。

一：永久黏人型男人　这种男人非常脆弱，总是以受害者的身份自居。他会给予女人大量关注，但作为交换，他希望对方也能在任何时候都能满足自己的需求。最令他恐惧的事情就是被人推开，所以，他嫉妒你生活中的所有其他人，他要你放弃自己的外部生活，让他成为你生活的全部。他会向你诉说自己之前受过的伤害，要求你全心全意爱他、治愈他。如果你不满足他的要求，他就会以伤害自己来要挟你，或者威胁你说他"永远不会走出你带来的伤痛"。和这种男人在一起，你会备感压抑，感觉"自己的生活被掏空"。

二：寻求抚育型男人　他想要的是一个妈，不是一个伴侣。他太需要你了，不过，他需要的是你来操持他全部的生活。他很难像成年人那样正经地去工作、做决定、有长性或者表现出成熟的行为。他会表达对你无限的崇拜，但他的社会功能其实极其低下。

　　三：心不在焉型男人　他已有家室，或正在分居，或已订婚，或有女友。但在描述现存的关系时，他会说自己"不开心"，或者是"还没有完全走出来"，以这种话术来诱惑你做他的备胎。还有一种不能给你情感回应的男人，他们痴迷于自己的事业、学业、爱好或其他兴趣，以至于没办法对一段长期的恋爱关系产生真正的兴趣。和这类男人在一起时，他总能说出一个原因，来解释他为什么不能全心对你。但是他通常非常想吊着你，不希望你潇洒走开。毕竟，虽然他不能或者不愿意与你发展一段严肃的恋爱或婚姻关系，但是如果你愿意偶尔和他私会，或者与他一夜春宵，于他而言又何乐而不为呢？

　　四：隐藏秘密型男人　他有着不为人知的另一面，比如他可能已有妻有子、从事的是不可告人的工作、沾染了一些危及性命的不良嗜好、参与犯罪、患有疾病或者有其他没有向你坦白的经历。等到你发现这些秘密时，你已经在这段关系中陷得太深，身陷险境了。

　　五：有精神疾病型男人　表面上看，他是个正常人，但是和他交往一段时间，你就会发现"有些不对劲儿"。大多数女人由于缺乏训练，很难准确地说出究竟是哪些不对劲儿，但是根据他所患疾病的不同，他可能会说服你留下来，表现得足够正常来将你的注意力从他的精神疾病上转移开。他可能会哀叹"所有人"都抛弃了他从而对你进行情感绑架；或是通过干扰或破坏你的生活，让你无路可逃。

　　六：成瘾型男人　大多数女人并不能够直接看清男人的成瘾问题。有些女人甚至永远无法看到这个问题，或者把成瘾看作"只是男人找乐子而已"。这种所谓的"乐子"包括性、淫秽作品、毒品、酒、冒险行为、赌博、食物或者是亲密关系。

七：残暴型或暴力型男人　初遇时他体贴入微、慷慨大方，但过一段时间，他就会显露出自己的另一面：控制你、责怪你、羞辱你、伤害你，甚至殴打你。有的女人认为只有身体的伤害才算是暴力，这样的女人会很容易忽略其他类型的暴力信号。暴力可以是言语暴力、情感暴力、精神暴力、经济暴力、身体暴力或性暴力，也可以是系统性暴力（第九章详细描述了每种暴力类型）。和一个暴力型男人在一起，只有当他成为主宰的一方才肯罢休，并且他永远都是主宰的一方。暴力行为会随着时间愈演愈烈。在你们刚开始在一起的前几个月，他只是偶尔骂你几句，但最终这种辱骂就会升级为危及生命的殴打。杀害自己伴侣的男性，通常不会在第一次约会时就下杀手，这种事一般都发生在一个女人在忍受了他长达数年或者数月的暴力之后。至于他的虐待和暴力会进行到何种程度，只取决于他的想象力有多丰富以及你会在他身边待到什么时候。

八：情感捕食型男人　这种病态男人有看穿女人心的第六感，他们熟知怎样去接近一个受伤的女人。尽管他贪图的也许是女人的钱财或肉体（简单举两个例子），但由于他"狩猎"受害者时，瞄准的是她们的情感软肋，我仍称他为"情感"捕食型。他能够感觉到哪个女人刚被分手，哪个孤独，哪个情感空虚，哪个身体饥渴。他像一条变色龙，无论面前是什么样的女人，他都能够根据她们的需求，变成她所需要的样子。他能够灵敏捕捉到女人的身体语言和眼神，还能够揣摩透女人的话外之音。他能够抓住有关女人生活的蛛丝马迹，然后将自己变成女人当时所需要的男人的模样。这些男人有时可能夺人性命。

另外还有一种危险的男人，我称之为组合型男人，他们满足上述至少两种类型的定义标准。比如，一个成瘾型男人可能同时使用暴力；一个有秘密的男人所隐藏的事实可能正是他的成瘾问题；成瘾型男人往往也是已有所属的男人；永久黏人型男人和情感抚育型男人大部分具有同样的精神疾病问题；情感捕食型男人通常都隐藏着重大的秘密，因为隐藏也是狩猎中的一半乐趣。类似的组合多种多样，其中一些组合相当常见。女人需要明白，一个男人所符合的危险类型越多，他就越危险。因为每个类型都有专有的隐患和症状，让一个男人成为糟糕的约会对象。在这个基础上再叠加新的类型，新的隐患和新的症状，那么，这个男人就不可能把日子过好了，幸福的几率是零。

底线：如果阅读上述类型后，你发现你的男人满足一个或多个类型的描述，那么这就是一个危险预警信号（从下一章开始，我将详细讨论危险预警信号）。你要明白，能在上述类型中占据一席之地的男人，也是最有可能让你心碎收场的男人。

关于精神疾病和人格障碍的三言两语

在本书中，危险一词基本上与精神疾病或人格障碍是一个意思。我来解释一下原因。作为已经从业十五年的心理咨询师，我与患有严重精神疾病的患者进行了长期的面对面的沟通，这也是我最初了解"精神病"的途径。我起初并没有想成为一名"精神病学家"，我甚至都质疑精神疾病这一概念的正当性。我信奉的是积极心理学和精神信念流派，相信"自助"的力量，相信"人通过成长与领悟改变人生"的能力。但是我现在坐在这里，年复一年，看着眼前无比危险的精神疾病患者，以及那些选择他们作为恋爱或者婚姻对象的女人。从他们的面孔中，我对精神疾病有了进一步的认识。

如果女人能够真正"理解"什么是精神疾病，那么就能消除很多约会的风险。从那些有可能选择精神不健康的男人作为伴侣的女性的角度来看，最重要的是要明白，被临床确诊为精神异常的个体，甚至包括患有各类人格障碍的人，他们一辈子都不可能恢复精神健康。绝大多数专家都认为，这样的个体几乎不可能发生永久性的改变而有所好转。对于我们来说，这种不可治愈性也是精神疾病的特征之一。某些人就是因为一些遗传性或生理性的特征，具有固定的异常心理和性格，从实际操作的角度来看，他们已经"无药可救"。他们过于"扭曲"，以至于任何程度的心理咨询、药物治疗或者爱都不能矫正他们。为了让你理解在实际生活中这意味着什么，我请你务必明白，如果你的伴侣被诊断为患有某种人格障碍，你应该将这种障碍看作是"永久性的异常"。不同类型的危险男人的唯一区别在于，他们伤害女人的方式取决于他们各自的疾病或特定障碍。一个男人的危险之处在于他永远都会困在自己的疾病里，永远成为不了正常人。还有什么比和这种无法治愈的病人在一起更危险的事情吗？

我之所以在此展开了关于精神疾病的讨论，出于两个原因。

第一，大多数女性都没有机会了解什么是精神疾病，她们不知道这些患有精神疾病的男人的症状是什么，对这些精神疾病的表现一无所知，也不知道与这种病人交往会产生什么样的必然后果。她们认为，一个被医生诊断为精神异常的个体，必定会表现出一些"一目了然"的病态和危险行为。但实际上，即便是心理咨询师，有时候，也不能够一眼洞穿一个人的心理问题。

第二，许多对精神疾病有所了解的女性认为，她们和她们的伴侣是例外。正是出于这种信念，她们不断地试图改造自己的危险男人或是他的一些特质。心理学家苦心研究多年的成果，在她们眼中是一纸空文。由于一个患有精神疾病的男人永无改变的可能，为了在这场病态的关系中自洽，女人的下一步措施就是改变自己。当一个女人试图去适应一场病态畸形的关系时，唯一的结局只能是灾难。本书介绍了心理专业人士在精神疾病方面取得的研究成果，以及他们对女性的提醒，你要记住的是，你可以选择相信他们并相应地调整自己的行为。

"但我交往的男人是正常的！"

在你着急说服自己，你所交往的男人不存在精神问题，你们的相处也不会给你带来危险之前，我得提醒你，许多精神不正常的个体都处于成为危险男人的早期阶段。一次伪造，几张超速罚款单、一次私闯民宅，都可以为将来的犯罪奠定基础。你要记住，那些具有各种人格障碍（下文会展开讨论）症状的个体，存在于各行各业之中。那些高功能、高智商的病态个体，通常会成为企业高管、医生或律师。他们会从事所谓的"白领犯罪"，例如欺诈、勒索、贪污或者是其他一些经济犯罪。另外一些低功能的病态个体会成为惯犯，他们的罪行也非常常见。无论是高功能白领类型，还是低功能的"普通罪犯"，都可能会实施偷窃、诈骗、暴力攻击、强奸、恋童或者谋杀。关于精神异常的个体，要预测他们的行为是非常困难的。即便是那些没有严重暴力行为的人，他们的行为也很难预测。此外。他们通常不符合我们对"患有精神疾病"的这一类人的想象。所以你不妨怀疑，在你人生的这个节点，你可能还没有掌握足够的知识或信息，能够让你立即判断谁是正常人、谁不是。如果你已经慧眼如炬，那么你可能就不会拿起本书，也就不会曾和一个危险男人陷入两性关系里。我们仍然需要再学习一点东西，因此，这本书可以帮助你。

泰德·邦迪是美国最为臭名昭著的连环杀手和强奸犯之一。他长相清秀，智商不俗，并且擅长吸引女人的注意，但他有反社会人格障碍。他在大学学习过心理学专业，并且上过法学院。他曾在救助热线做过志愿者，也参与过州长的政治请愿活动，甚至还曾经救过一个溺水的男童。他不仅相貌极为英俊，还能说会道，而这些正符合极高社会智力的标准。邦迪的早期犯罪生涯主要是一些小偷小摸，但是从 20 世纪 70 年代早期到中期，他横跨美国各州，杀害了36 名年轻女性。

泰德·邦迪的故事说明，非正常个体并不局限于特定出身背景，并且还经常能取得世俗意义上的成功。人们通常错误地认为，反社会和其他患有精神疾病的人都是社会底层的人，但实际上，他们中的很多人都有着常人不及的智商。邦迪的高智商帮助他逃脱了牢狱之灾——至少有两次！所以，再说一次，在你对自己说"我遇到的最险恶的男人也只不过是一个已婚男，现在她却在说泰德·邦迪——我觉得这些探讨对我没用"之前，请注意两点：第一，邦迪曾有两个正常的女朋友（她们彼此不知道对方的存在），而且都丝毫没有料到，邦迪会成为一个连环杀手。第二，如果你认为你遇到的最差的男人也只是一个已婚男人而已，那你要记住，你不知道除了已婚，他还有别的什么问题。忽视一个人的小奸小恶可能是一个致命错误的开始。犯罪图书馆网站曾这样描述邦迪："他的精神疾病特质已经逐渐显露，但见证了这一过程的人却并没有意识到自己正在经历什么。"那是因为，他们忽视了他的一些小恶轻罪，而没有认识到他为之蓄力的计划。

有些女人想要钻牛角尖，争辩说一个男人只是"危险"而已，他并没有什么"精神疾病"。让我来浅显地解释一下。如果一个男人可以在本书中对号入座，那么他要么绝对是精神病患者并且永远无法被治愈，要么他的行为非常接近病态，以至于从现实的角度来看，他的危险性已经完全属于精神疾病的范畴。在本书中，"危险"和"病态"这两个词是互通的，因为它们的意思极为接近。不要努力找出我语言上的漏洞来说服你自己继续和这个男人交往。如果你在本书中看见了他的影子，那么他就是危险的，甚至是病态的。而任何精神病态的人都不太可能做出改变。

是什么造成了他们的精神疾病？

交往过或爱过病态男人的女人，不仅想要知道为什么自己会选择这样的男人，还想要知道他们的病态是由什么造成的。作为精神疾病的研究者，我们也想要知道原因。学术界对此有各种各样的理论。我对连环杀手和强奸犯的研究，揭示了几项影响他们早期情感发展的共性因素，包括在儿童早期遭遇虐待（通常是性虐待）、被严重忽视、父母或者其他家庭成员有着长期的成瘾问题、精神疾病或者是混乱的生活方式，有些人还经历过严重的头部创伤。（但是泰德·邦迪声称自己没有遭遇过儿童期的身体虐待或性虐待、没有头部创伤或其他能够解释他病态行为的原因。这也说明精神疾病的起因非常复杂。）

还有一些精神疾病学家认为，病态个体的大脑，在发育过程中，遭受了化学性或生物性的"损伤"。关于此类人群大脑功能的大量研究，促使一些专家认为，这类人实际上是与正常人有着不一样的大脑构造。研究创伤理论的专家将研究焦点放在了塑造人们早期发育的童年经历上，比如遭受虐待或忽视。神经精神病学家则专注于研究头部创伤和一些神经性的损伤，这些因素影响了情感调节，触发了无法控制的愤怒，造成了这类人缺乏良知。其他专家则把目光投向社会性学习：他们认为个体是通过模仿家庭行为模式和非正常的模范角色，习得病态行为的。

不同理论都有个体案例支持，我认为每个理论都有它的道理。但是我认为，对于你来说，和他"怎么得病"相比，你"怎么应对"这个有病的人才是最重要的。你没必要琢磨，他究竟拥有一个怎样悲伤的过去，让他产生了这样一个长期无法缓解的精神问题，因为这些问题并不能够保障你的安全。你既改变不了让他患病的过去，也改变不了他的生理系统或他的大脑结构。你的爱不会让自己变得更安全，也不会让他变得正常或纯洁。你唯一需要关心的就是当你面对这样的一个危险或有精神疾病的男人时，你应该为自己做什么。

为了介绍专业人士在定义精神疾病时所使用的语言和一些诊断标准，我在本书后面添加了一个附录，上面描述了大部分常见的精神疾病或人格障碍。我在附录中还罗列和描述了其他一些可能在危险男人身上存在的心理障碍。

除了这个附录外，我还要提醒你：不要太执着于为你的男人下诊断。就像我前面所说的，和准确判断他最符合哪种医学诊断相比，决定怎样处理你自己的生活才是最重要的。我介绍这些信息的主要目的是为了让你明白以下几点：第一，无论你的男人有哪一种心理问题，结果都是一样的，他的核心自我和危险程度几乎不会发生变化；第二，也是重申前面所说的，如果他符合危险男人的八个类型中的一个或多个，他要么就是有精神问题，要么就是在别的方面非常危险。

这些危险男人的精神问题被称为人格障碍，这一点非常重要。之所以这么命名，是因为他们的人格，已经被迫在不利的环境或情感缺失下发展完成。从另外一个方面看，正是因为这些不利或缺失，他们的人格才没能健康发展。如果你的童年已经结束，那么你的人格也已经完成了发展，只不过可能是发展得好，也可能是发展得坏。一切都不可以逆转，无论是成是败，心理发展都已成定局。那些在儿童时期没有发展完满的部分逐渐成为了他们的精神问题。

八个类型的危险男人中的大部分都满足病态的定义。这在一定程度上是因为他们有我认为十分危险的人格障碍。有些女人会争辩说，暴力型男人、成瘾型男人或者爱无能型男人的确是危险的，但并不是病态的。但事实是，他们既是危险的，也是不健康的。不管怎样，如果你认为他只是危险，而不是存在着精神问题，那我必须问问你：天下男人那么多，你为什么一定要选择一个"只是有点危险"的男人呢？

"危险"和"病态"之间的界限是非常不明显的。在一些人的身上，这两者之间几乎是无法区别的。比如，暴力型男人通常还患有尚未明确诊断出来的精神障碍，他的暴力行为也通常是在药物和酒精的作用下变得疯狂。相比于其他正常人，成瘾型男人患有某些特定类型的人格障碍的概率更高。另外，瘾君子中患有精神疾病的人数也远高于其他正常人群。至于"可怜的、被泼脏水的"已婚男士呢？他们又有什么精神问题呢？我可以告诉你的是，他们的精神问题可大了！你不能因为有人选择嫁给他，就认为他是个正常的人。相比其他人群，患有某些人格障碍的人更容易出轨。你不要忘了泰德·邦迪的例子。在他犯罪早期，曾同时交往过两个"正常"的女朋友。不能因为你是个正常人并且选择了他，就认为他也是正常的。

另外还有一个看待精神疾病和人格障碍的角度。人格障碍和精神疾病意味着一个人的某些特质过于突出，也就是说他的人格或行为是失衡的。比如说，边缘型人格障碍意味着拥有太强烈的情绪、过于不稳定的关系以及过多的愤怒；反社会人格障碍意味着缺乏良知、过度冒险的行为和极度的不稳定性；自恋型人格障碍意味着太关注于自我以及对自己的能力拥有过分的兴趣。你会很快明白，所谓的精神病态其实就是某些特质的过量、过度。

与有精神疾病的男人交往，你会得到什么？

与有精神疾病的男人交往，意味着以下几点：

※ 这个男人存在着一些类型的人格障碍，无论是否曾被诊断出来。

※ 他的精神疾病是永久性的，永远不会好转。他的一切都是抗变的。

※ 他的症状会随着时间和年龄加剧。

※ 他几乎没有能力认清自己的问题。

※ 他会拒绝接受药物治疗或心理治疗。

※ 他会在多个生活领域（具体因疾病不同而不同）表现出低功能。

※ 他的人际关系失常。

※ 他没有能力与你或者其他任何人建立真挚的情感关系。

※ 有一些精神疾病会将你或你的孩子置于险境。

※ 有一些精神疾病经常伴随一些重度且长期的成瘾症。

※ 有一些病态男人有暴力行为或有暴力倾向。

　　我一定要强调一点：你和任何一个患精神疾病的男人交往，就绝无可能绕开这些规律。有人格障碍，实际上就意味着，这个男人的核心自我再也没有可能发生长期的改变。这个患有精神疾病的危险男人，根本就没有能力行动起来，像正常男人那样迎接现实生活中的挑战。

精神障碍和慢性障碍

　　我们已经看到，有一些女性认为，只有暴力型的男人，或者患有精神疾病和人格障碍的男人，才符合危险一词的定义。但实际上，那些患有其他类型心理疾病的男人，也可以对一个女人的情感健康造成巨大的破坏。长期遭受一些"慢性"心理问题折磨的男人，虽然他们的问题并非是精神疾病，但是他们通常也具有危害性。

对于慢性障碍，治疗方案非常有限。记住，我说的是治疗，并不是治愈。有些治疗可以帮助病人管理症状，改善生活质量，但是他非常有可能终身携带着这种障碍。这些障碍之所以被称为慢性障碍，而不是精神病理性障碍，是因为它们并不是在个体人格发展过程中产生的。这也是二者的区别所在。绝大多数慢性障碍都发生在病人完成儿童期发展之后。

慢性障碍意味着：

※ 病人可能永远都会携带这种障碍。

※ 病人很可能永远都需要药物干预。

※ 病人的病情可能会（并且通常会）随着时间或者压力积累而恶化。

慢性障碍包括以下几种类型：

※ 双相情感障碍（过去也被称为躁郁症）

※ 创伤后应激障碍

※ 重度抑郁症

※ 精神分裂症或其他妄想障碍

※ 强迫症

（详细说明见本书附录）

本章中讨论的一些障碍，除了在附录中有所介绍之外，我在后续的章节中也会更加详细地进行说明，尤其是在讨论心理疾病或情感捕食型男人的相关章节中。一定要注意，此处所讨论的障碍，并不涵盖所有可能会在一段情感关系中给女方造成危害的障碍。如果

你有这方面的困惑，我建议你去咨询一名心理健康领域的专业人士，去了解更多可能会对情感关系造成破坏或危害的其他慢性障碍。

前面我们已经讨论过，危险男人的类型多种多样。在本章前面的部分我也提到，只要是危及伴侣情感健康、身体健康、性健康、精神健康或经济健康的任何男人都是危险男人。这些都是女性在接触一个男人并考虑与他进一步发展情感关系时，必须重点考虑的问题。另外，还要谨记，那些危险男人，无论他们是否有精神性的疾病，他们给你造成巨大伤害的潜力都是不相上下的。由于对你的伤害都是以危害性的行为为基础，所以他们所采取的手法类似，他们的性格特征也差异不大。通过这本书，去看一看"不健康"的男人都有哪些行为模式，对你与任何人建立亲密关系都有好处。此外，所有女性都一定要了解危险男人的行为特征和危险信号，这样你才能够帮助其他的姐妹们认识这些男人。关于危险男人的行为特征，我们还有更具体的讨论，详见第三章到第十一章。

与此同时，你要相信一个事实，那就是你拿起本书肯定是有原因的。书名里有某些字眼把你吸引过来，让你想要探究自己过去是如何以及为什么选择了一个危险男人，与他约会或步入婚姻的。你的内心渴望选择一条更为健康的路径，你本能地想要寻找答案。在下一章，通过学习如何重拾对危险信号的警惕意识，你的探寻会获得回报。只有这样做，你才最有可能保障自己的安全。

如果你已经和一个危险男人在一起，该怎么办？

你之所以拿起本书，也许是因为你正在与一个男人交往，而你怀疑或已经确信他是危险男人。我再次警告你，如果他能与本书中的描述对号入座，他肯定符合危险男人的定义标准。本书讨论的可不是那些只是有点儿接近危险的男人。如果他的行为特点正是书中所描述的，那么你务必要关切自己的安全、未来和选择。危险并不单单意味着暴力。我要再次提醒你，危险可能给你带来的伤害方式多种多样。

那些已经习惯于选择危险男人作为伴侣的女性，最容易从我的说辞中寻找漏洞，以说服自己继续和危险男人在一起。从本书开篇到现在，你可能一直努力想要推翻我的判断，你努力说服自己："这本书描述的不是我的感情""他并不完全是这样""没有人是完美的，我自己也有一些问题""他并不总是那样，偶尔而已"。无论你心里在用什么花样给自己洗脑，好让自己能与他继续共处或是找到理由否认他的危害性，你现在都需要开始质疑自己对这个问题的思考。也许你在想，"我和他在一起已经十五年了！"既然如此，我想问问你下面的问题：

> ※ 既然你已经知道他不会改变，你还要在他身上继续浪费多少青春？
>
> ※ 他正在消耗你的哪些东西？
>
> ※ 接下来的十五年会是什么样子？
>
> ※ 十五年之后你会是什么样子？
>
> ※ 你究竟为什么想要和一个危险男人在一起？

这些问题非常重要，你需要好好扪心自问。如果你能直面本心去回答，那么你的坦诚可能会为你的未来找到更多选择。要认清这些男人，你需要寻求专业人士的观察意见。我建议你联系你当地的公共服务机构，比如去寻找心理健康咨询师、家庭暴力庇护机构的咨询师，或者其他的心理学专业人士，他们能够帮助你看清你自己的处境，分析你的行为模式。

如果你决定要结束这场关系，专业人士也会为你的安全着想，提供一些建议，（必要时）提供安全的居所和法律方面的援助。摆脱一个危险男人绝不是你孤身一人就能做到的事情。你还需要其他人的指引、帮助。

并不是所有男人都是危险的

有些读者可能会产生疑问：地球上还有健康的男人吗？答案是肯定的，但前提是你自己是一个健康的女人！要想抓住这样的男人，你首先需要鉴别和清除你生活中的所有不健康的男人，这样你才能腾出时间、精力和情感内存，去知遇健康的男人。本书的最终目的就是帮助你释放你的情感资源，让你认清危险男人，然后把精力放在寻找健康的男人上面。这本书可以教会你怎么样去选择一个健康的男人。

我的初恋男友麦克就是一个健康的男孩，遇见他是我人生的一大幸事。和他的相处经历，让我在以后遇到一些不那么健康的对象时，都能将他们与麦克进行比较，觉察出他们的问题来。麦克就相当于我建立婚恋关系时用的一个模板，通过这个模板，我可以定义亲密关系中的健康行为是什么样的。一旦我觉察到自己选择的男朋友有问题时，我的初恋回忆就会来帮助我找到问题以及问题的原因。在第十一章中，我对两性关系中的一些健康和不健康的行为模式进行了比对。这种比对，可以帮你检验一段新的关系，让你清楚哪些行为模式是健康的互动，哪些不是。当然，任何亲密关系都存在问题，但是你要知道哪些是健康关系中的典型冲突，哪些是不健康关系的表征。

健康的亲密关系可以滋养你，能够让你明白，这个世界上并不是所有的男人都是危险的。这个世界上存在着一些非常值得去爱的优秀男性，他们也在等待着与你相遇。为此，你首先需要把那些不正常的男人从你的生活中剔除出去，这样你才能够给健康的男人腾出空间。实现这一目标的最佳方式就是及时止损，不要继续在那些无可救药的渣男身上浪费时间和精力了！

托丽的故事

我先介绍一下托丽。她是本书第一个交往危险男人的女性案例，下文还有多个地方会提及她。

有这样一个男人：他是参加过越南战争的老兵，也曾经自愿去爱尔兰平息内乱，并因信仰而遭受牢狱之灾；他身为雇佣兵，却能在战场上舍生忘死；他称自己是一名诗人，经常阅读经典文学来"抚慰自己的灵魂"；他会骑着哈雷摩托一路向西寻找自我；他曾作为工人参与阿拉斯加输油管道的建设，放弃享乐舒适，只为多挣点钱寄回家抚养孩子；他有尊严地过着自己的蓝领生活，想要的一切不过是"老婆孩子热炕头"。谁能抵挡这样的男人呢？反正托丽不能。她对杰伊的魅力、他讲述的故事和甜言蜜语毫无抵抗力。

有一类选择危险男人的女性，她们智商高于常人，但一颗大心脏却大到超出了她们对精神疾病的认知。托丽就是这样的女人。托丽对心理学这个科目并不陌生。她曾经进行过心理咨询，还嫁给过一名心理咨询师。她很得意自己几乎读遍了市面上的各种心理自助类读物。基于这些原因，她认为自己这样的女人，绝对不会倾心于那些有精神问题的男人，她从来不担心这一点。但也正因如此，她从来不去了解危险男人，甚至也不去了解该如何抵御他们。在这颗大心脏之外，她还有无限的耐心，乐观地相信每个人都能发挥自己的全部潜力。这样的托丽简直就是危险男人的完美猎物。

太多的女性坚信，自己绝对不会爱上精神不正常的、暴力的、存在心理问题的或其他类型的危险男人，也不会引起这类男人的兴趣。但事实并非如此。即便是很了解心理咨询和心理学知识的托丽，当我告诉她杰伊有心理问题时，她还是完全不相信，因为杰伊"看起来"并没有什么异常。他又不像那些精神错乱的病人那样流口水，拖着一只脚走路，需要吃药，双眼迷离、神情恍惚。之后，她又继续和他相处了一年，像拿着一只显微镜那样仔细地观察他，但是最终也没能发现原本一直存在的迹象。她等着杰伊的额头长出第三只眼来，她才甘心放弃。她必须要看到一个明显的症状，才能够毫不怀疑地将他归类为"不正常"的那一类人。但实际上，精神疾病和心理疾病极为复杂，至少一开始的表现是这样。

即便托丽已经确认杰伊是一个危险男人，她还是花费了很长时间与他在一起，怀揣着"如果他能接受心理咨询，就会好转起来"的希望。心理学家针对情感捕食型男人做了几十年的研究，但托丽对他们的研究成果完全不买账。她像很多女性一样，不相信杰伊的本质人格已经永久性地彻底紊乱。在第二章和第十章中我会讲述更多关于托丽的故事。

每个女性都必须自己决定如何应对一个危险的男人。你会像托丽一样：

※ 耗费大量时间才识别出一个危险男人的特征吗？

※ 虽已看清他的真面目，但仍然和他继续交往吗？

※ 虽然明白他存在精神或心理问题，但仍然寄希望于他能够好转吗？

※ 你要投入你的精力去劝他接受治疗吗？

※ 当他已经把你的情感完全榨干，你仍然要继续执子之手吗？

或者说，你要做出和托丽不同的选择。

以防你对自己是否能做出不同的选择有所怀疑——我仍然相信很多人都可以改变和成长，不然的话，我也不会写这本书。我写这本书就是因为我相信，交往过危险男人的女性，通常都能学会在以后的人生中，擦亮眼睛，选择更好的伴侣。我亲眼见过很多女性，她们在经历过不幸后，成长蜕变，过上了更美好的人生。

要想长久地从本书中汲取营养，提升甄别危险男人的本领以免再次踩入陷阱，你必须要摒除对危险男人的错误认知。你需要觉察到自己为危险男人辩护、美化或淡化他的一些不正常行为的倾向。你必须重连并留意你的危险预警系统。你还要正视并接受专家们的研究成果，那就是：精神有问题的个体几乎没有可能会发生积极的、长期的改变。

你愿意迎接这个挑战吗？

第二章

危险预警——认识、
感受、觉察和听从

我们并不是盲目无知的迷途羔羊，我们是由知而行的能动主体。我在这里说的绝不是受害者有罪论，我想说的是你对自己所负的责任。

我在第一章介绍了不同类型的危险男人，并解释了为什么女人会选择这些男人。希望这些信息能帮助你分清，哪些男人是永远都不会变好的"劣质婚恋材料"。

本章会把焦点转移到你自己身上：可能遭遇危险男人的你。我在本章想要强调的一点是，只有你才能改变你自己的行为，做出不同的选择。是的，危险男人确实存在，而且他们迫不及待等着把你拽进一段消耗你、毁灭你、甚至取你性命的危险关系中，但是防卫之责完全在你。无论在过去、现在还是未来，只有你自己清楚，为什么过去你对心里响起的危险预警信号充耳不闻，也只有你能够重启你的危险预警系统，根据信号的提示来安排自己的行动。一切都得从现在开始。

很多女性喜欢一味抱怨男人的问题，是的，可能他的确酗酒，是个工作狂，精神有问题，是个情场浪子，甚至是一个职业罪犯，或者有其他问题，但是要改变你总是选择这类男人的习惯，最关键的一点在于你必须要承担起对自己的责任，事实就是你自主选择了他们。感情关系是一种双向选择，建立在两个成年人自愿的基础之上。拒绝承认这一点会让你无法停止你现在的行为，只会重复过去的错误。

很多女性救助项目都是把重心放在男人身上，搞得女人好像是盲目的、无主见的傻瓜，好像她们莫名其妙地"坠入"了一段关系之中，全然搞不清状况。我的研究表明，事实并非如此。我会在本章的后面部分对我的这项研究做具体介绍。我们并不是盲目无知的迷途羔羊，我们是由知而行的能动主体。我在这里说的绝不是受害者有罪论，我想说的是你对自己所负的责任。在一段关系之初，你可能因为未观察到对方的方方面面而无法看清他的危险属性，但是随着时间的流逝，这些特征必然会彰显出来。这时候，你却无视自己心中的危险预警信号，选择了继续和他在一起。蜕变的第一步就是要弄明白你自己这么做的原因。仅仅以受害者的身份自居，再简单不过；但实际上，只有意识到这场关系是你情我愿的互动，而不是一方对另一方的绑架，你才能获得更多的力量。明白这个真理，你的人生结局才可能不同。

我们与生俱来的危险预警系统

我们每个人都有属于自己的一套危险识别和预警系统，它们就像一套个性化的内部监控系统，帮我们侦测着危险男人的存在。实际上，在我跟其他女性谈论危险预警系统的时候，我甚至都不需要解释什么是危险预警，由此可见，不同国家和地区的女性普遍知道自己与生俱来的危险预警系统的存在。

这种危险预警系统介于女性直觉——一种生理性的感官响应系统，和一种精神性的直觉指引之间。每个女人，都必须要清楚她的危险预警最常以哪些形式出现。有些人有着非常灵敏的生理感觉，有些人能注意到心理和情绪症状，有些人能感觉到冥冥之中的警醒。有的人则兼而有之。但你是怎样感觉到这些危险预警的并不重要，重要的是你怎么处理它们。

接下来，让我们看一看危险预警都会以哪些形式向我们报警。

生理性危险预警信号

感官反应系统是每个人生来就有的，也称为自主神经系统、战斗或逃跑反应系统。你可以把它想象成是一个入室抢劫警报。正常健康的婴儿在出生时都会有一套感官性预警系统。当他们感受到饥饿、恐惧或有其他需求时，会自动觉察自己的处境。如果他们感到自己受到威胁，不需要有人告诉他们该怎么做，他们自己就知道什么时候要嚎啕大哭。他们的预警系统会自动运作，让他们产生惊吓反应，挥动双手，或者开始大哭。随着他们越长越大，他们开始通过条件训练认识到什么是危险。但在他们了解危险之前，他们就已经知道它的存在，因为孩子先天便具有这种生物适应机制。

当婴儿的生物本能离场时，条件性学习就入场了。婴儿通过试错，认识什么是安全的，什么是有害的。只要他们没有经受过虐待，他们就不会忽视或者重构这些试错得来的信息。对预警信号的重构，并不是受生理驱动的天然儿童性状态，而是一个成年人对环境适应不良而逐渐习得的过程。孩子会尊重身体传达给他们的信号，而成年人学会让自己的防御机制扭曲事实。

成年人会通过一些自己注意到的生理感觉感知到危险的存在。这些感觉包括一闪而过的恐惧、冒冷汗、胃部发紧、心跳加速、汗毛直立或者是莫名其妙的不舒服。但有时候我们作为成年人会忽视这些感觉。我们不会像儿童那样自发地处理这些信号，我们也不会停下来思考这些身体反应在向我们传达什么信息。

当我们和一个危险男人共处时，我们身体的反应蕴藏着很多我们需要知道的信息。如果你想要避开危险男人，你可以关注你的生理系统发送给你的身体信号。参加过我研讨会的一名女性曾说："每次和他在一起的时候，我就会胃疼，我开始显现出颞下颌关节紊乱的症状。这个时候我才意识到，面对他时我会有应激反应。实际上我的胃无法"消化"他这个人以及他说的话！当他的言辞让我很不舒服时，我也会紧闭嘴巴，一声不吭。幸运的是，当我的下巴开始疼的时候，我知道了问题的真正原因。"

精神性危险预警信号

当我们说"知道""凭直觉""感觉到"时，我们指的其实是精神性危险预警信号。我们的危险预警系统能给我们提供免费而出色的"安保服务"，前提是我们能够"倾听"并且遵从自己的直觉。当我们感觉到有什么不对劲儿，或者就是"觉得"这不是我们想要相处的人、不是我们想要待的地方，其实就是精神直觉在警告我们。我们虽然没有明确的知识或具体的信息，但我们就是知道不对劲儿。我们没必要找出背后的具体原因，但是我们必须对此作出响应。全世界的女人都曾经讲过关于自己直觉的故事，以及她们如何遵从自己的直觉从而避免了灾祸。

预感、直觉和感觉让女性有机会提前规避与危险男人在一起的风险。但如果一个女人选择忽略这些精神性危险预警信号，任凭这些提示变成现实，那么她们就会处于极端的危险之中。很多成年人事先都有预感，但不是所有人都听从了自己的直觉。不要等到预感变成现实才采取措施。等木已成舟，一切都为时已晚。看到危险来临的蛛丝马迹，却仍然无所作为，只会让我们遗憾后悔没有及时止损。

听从自身精神世界指引的女人，不会无视自己的预感和直觉。玛拉的故事就证明了这一点。她总是觉得自己正在约会的男人有点不正常，隐隐感觉他有点不靠谱。但是，这个男人在人前彬彬有礼，他的很多行为都符合玛拉母亲定义的好男人形象，比如他会给玛拉开车门。但是她内心有个声音，就像上帝在她耳边轻语，提醒她不要和这个男人独处。有一天，这个男人告诉玛拉自己忘带钱包了，必须得回屋取一下。玛拉在车里等他，但很快他就拿着电话，神色忧虑地站在门前，示意她过来，玛拉以为发生了什么糟糕的事情。她凑上前去，而他则继续假装听到了电话那端传来的坏消息。他示意她进屋，然后轻轻地关上门，随即放下电话，把她推倒在沙发上企图强奸她。最终玛拉侥幸逃脱，但还是大受惊吓。她一方面惊讶于自己竟能未卜先知，另一方面却后悔于没有听从自己的预感。

心理和情感上的危险预警信号

关于我们在一段关系中究竟有着怎样的真实感受，我们会接收到许多心理和情感信号。我们的危险预警系统，能够给我们提供另一种保护，只要我们愿意听从它的指挥。有时候，从非常了解我们的人那里得到的信息是最可靠的。

针对你当前或过往的一段恋情，请思考下列问题：自从你和这个男人在一起，你过得怎么样？你是过得安稳有序、岁月静好，还是惊涛骇浪、惶恐不安呢？你的朋友有没有告诉你，你变得不如以前？你是不是比以往更焦虑，等着他打来电话，或者担心他身在何处？你是不是莫名其妙地感觉到忧伤？你是不是对你们的关系充满困惑？你是不是有一种莫名其妙的不安？你是不是寝食难安，或者难以集中注意力？（这可不是平常人们所说的"害了相思病"。）你是不是能够保证你原本的生活有条不紊？还是你为了他或为了他给你的承诺放弃了你的正常活动？你是不是染上了他的一些坏习惯？你已经和他在一起，你现在正考虑些什么事情，是一些正常的和现实性的问题，还是一些不太正常的事情？

这些问题的答案，可以说明这段关系是否健康。步入新的恋爱关系后，聪明的女人会评估她们的情感状态，当她们感受到情绪或心理的压力时，即便这些压力是不可名状的，她们也会听从自己的直觉，选择退出这段关系。这种不可名状的感觉也是一种危险预警信号。当西拉开始和蔡司在一起的时候，她越来越想要帮助他、矫正他和安抚他。理智上，她知道她不能改变任何人，但是她还是不断地畅想着，自己能够帮助蔡司解决他不断加剧的问题，治愈他的精神疾病。很快，蔡司失控的人生一点点侵蚀着她的精力。由于越来越担心接下来会发生什么，她的情感能量被逐渐榨干。不幸的是，她并没有听从危险预警系统最早发出的信号，及时止损，以至于产生了灾难性的后果。你可以在第七章"患有精神疾病的男人"中读到西拉的完整故事。

女性为什么会无视她们的危险预警信号？

既然我们的危险预警信号能够保护我们，让我们认清自己所处的恋爱关系，帮我们甄别潜在的危险男人，我们为什么会无视它们呢？我们女人有一项奇怪的能力，那就是：对自己内心发出的危险预警信号视而不见的能力。正是因为经常忽视我们与生俱来、为我们保驾护航的危险预警系统，我们才会不断地遭遇危险男人。许多女性经年累月地忽略自己的身体感觉、心灵直觉和情感反应。在我们儿童期到成年期间的某个时间点，我们拆除了上天赋予我们的大部分危险预警系统。我们用理性消解内在危险预警系统的效力，继续维系错误的关系，钝化危险预警信号触发的感受，以至于我们最终在危险关系中完全失去了对危险预警信号的敏感性。这种危险的循环，致使很多女人在连续交往四到五个危险男人之后，才开始留意原本被她忽视的心灵、情感和身体上的危险预警信号。还有一位参加我研讨会的女性说："如果我愿意花一秒钟留心这些信号，我就会意识到其实它们一直在频繁出现。我的危险预警系统非常稳定。每当我遇到危险男人的时候，我会有类似的情感和生理上的感受，但我和精神健康的男人交往时就没有这些感受。所以归根结底，我的危险预警系统是正确的，我应该接受它的指引！这样的话，我能避开多少危险男人的大坑啊！"

女性经常忽视这些极具价值的危险预警信号，原因多种多样。这些原因包括：

※ 社会潜规则

※ 文化定义的性别角色对女性行为的规训

※ 女性的原生家庭中，关于男性行为认知的代际传递、家族传统和早期规训

※ 女性自身的心理健康史和 / 或受虐史

下文对以上每一个原因一一进行了探索。但你要记住，很多时候是多个原因在共同作用。

社会潜规则

探索女性的历史角色和传统角色，能帮助我们理解女性的发展模式，女性的价值观念，以及女性的人生选择。正在兴起的女性研究能帮助我们了解，在这个男性主导的社会，作为女性，我们的起点在哪里，终点又在哪里？

从这个角度来看，我们需要思考：是不是这个男权社会，教给了女人和女孩某些特定的行为规范？当我们能够忽略或"无视"男性的某些危险的性格特征时，是不是会受到奖励？社会是不是规训了女人和女孩，当男性的行为干扰到我们时，与其去质疑，我们更应该保持礼貌？我们是不是更应该无条件地接纳所有人，而不是耐心观察这个人是不是值得信任？是不是当别人扇我们一巴掌的时候，我们应该凑上另一张脸，而不是在自己的边界被侵犯时做出反抗？是不是社会在引导女性，要相信任何人都可以改变，而不是承认精神病学专家公布的真相？

是否因为我们不去质疑社会为女性制定的潜规则，才会面临遭遇危险男人的风险？在与男性的互动之中，我们是不是宁愿放弃安全和健康，也要为了满足这些潜规则而忽视我们的这些危险预警信号？我们必须得问自己，我们为什么为了满足这些强加到我们身上的要求，而忽视了自己直觉发出的危险预警信号？与危险男人牵手的女性，是不是比其他女性更愿意接受这些潜规则？满足社会给我们规定的这些角色定位，必然意味着我们要解除自己的危险预警系统。托丽认为，这正是她屡遇渣男的一部分原因。她的妈妈告诉她要信任他人，要和那些不受欢迎的小孩子玩耍。托丽不知道，不受欢迎的人，他们的行为之中必然存在着一些原因，而父母对托丽的教养方式，已经使她对这些原因脱敏。正是因此，她对社会边缘人士常常格外宽容。当托丽长大成人，无论一个人的行为多么令人厌恶，她都能够表现出惊人的宽宏大量。

文化定义的性别角色

要追求男女平权，首先就要主张女性有权利谋求安全，可以对危及她安全的任何东西进行质疑。但事实上，女性却逐渐学会了忽视大量的危险预警信号，这就要求我们必须首先弄明白女性和男性的性别角色。我们女人为什么认为"应该"忽视这些危险预警信号？为什么女人会接受危险男人的行为？

无论是在文化层面还是在家庭层面，我们的性别角色促使我们合理化男性的某些行为。当人们说"男孩子就是男孩子"时，其隐藏的态度是，即便男性表现出什么不好的行为也是正常的。相比之下，女人则被要求长时间地容忍各种各样令人难以忍受的行为，去接纳男人的一些不好的品质特征，对他们的不当言行睁一只眼闭一只眼，在男人明明不会做出任何改变的时候，仍然奢望他们回头是岸。

不幸的是，这意味着女性要学会压制自己的感受、烦恼和不安。我们已经学会了在恋爱关系、家庭和社区内扮演一块沉默的"石头"。我们一直被自己的性别角色定义着。托丽严苛的传统宗教背景，给她灌输了根深蒂固的男女角色规范。她的妈妈是一名波兰裔移民，终其一生都像仆人一样侍奉着她意大利黑手党一般的丈夫。如果托丽的妈妈不开心，她甚至都不会思考自己为什么不开心。在托丽的成长过程中，母亲在她眼里就是这样一个任劳任怨、逆来顺受的女性模范，一辈子都被自己的丈夫轻视，一辈子都活在对丈夫的恐惧之中。托丽长大之后，理所当然地认为这就是婚姻的常态。

虽然，作为进步女性，我们在遇到心仪的男人时可以主动出击，但在我的研究中，那些曾交往过危险男人的女人告诉我，她们在潜意识里认为，是男人在追求（挑选）女人，女人只是被动地回应这种追求（挑选）。在她们眼中，无论是约会、求爱还是结婚，女性都只是处于被挑选的地位。有些家庭教育女孩或女人一定要接受男人的示爱，这种家庭教育无疑也强化了她们的这种认识。我们忍不住疑惑：那些选择正常男人的女性，她们又是怎么看待这种两性关系的呢？

一些与危险男人相恋过的女性告诉我，她们等待着自己能从一段关系中被"释放"。即便她们不想要再见到这个男人，也不会主动提出分手。即便她们害怕一个男人，她们也希望由男人主动终结双方的关系。一些接受男人求婚的女人认为，她们不知道自己"可以"或者"应该"拒绝一个男人的求婚。男人选择她们，是一种垂爱，她们不知道怎样拒绝。薇洛与盖瑞特的关系就类似于此。她对他的同情大于对他的爱。她不想嫁给盖瑞特，但是又不知道怎么能在他猛烈的追求下斩钉截铁地拒绝。在薇洛的原生家庭中，她的父亲想要什么都能得到，而女人们的欲望和需求则排在其次。这也难怪她不知道自己是否"有权"拒绝男人的追求。

家庭教育和传统

女性的原生家庭，无论是好是坏，都是训练我们危险预警系统的最大场地。关于女性、男性、两性关系、边界感、安全、需求表达，每个家庭都有自己的传统观念。我们正是在家庭之中内化了这些观念，或者学会了逆来顺受、默默无闻。所有这些价值观念和行为都是习得的，并且绝大多数都是人们没有宣之于口的。家族之中，关于女性行为、男性行为、两性关系和危险性的认识，在女性成员之间代际传递。我们的原生家庭教会我们"先把握住男人，之后再改变他"。我们也是在家庭中学会了包容男人的危险行为，诸如暴力、成瘾问题或出轨的行为。我们会说"他白天工作不开心""他只是喜欢晚上喝点啤酒"或者"他就快离婚了，他非常讨厌他的老婆；那个女人就是个疯子"。

女性常常会给男性代际传递的不正常行为贴上正常的标签。她们会说"史密斯家的男人脾气都很大——因为他们是爱尔兰后裔"，或者说"舒尔茨家的男人都喜欢喝酒——他们是德国人嘛，血统决定的"，或者说"布朗家的男人都喜欢搞婚外情，但他们总会回归家庭的"。上一辈的女性训练下一辈的年轻女性，教她们不要把男性的危险行为当回事，教她们不要在意自己的需求并且不要听从自己潜意识里铃声大作的危险预警信号。上一辈女性忽视、重构、美化男性的危险行为，甚至不计代价也要挽留一段关系，她们亲身示范，对年轻女孩言传身教，结果，年轻女性也开始有样学样，解除了自己的危险预警系统。

于是，年轻女性也学会给自己洗脑，"他没有那么坏""我觉得他是一个很不错的人""至少他工作很勤奋",这时候,无论你的潜意识怎样提醒你,你都充耳不闻。但是你的牙关咬紧,胃部发紧,后背汗毛直立,有个微弱的声音还在提醒你"有什么事情不对劲",但是你继续给自己洗脑"他没有那么坏""我觉得他是一个很不错的人""至少他工作很勤奋"。

直到某天这个男人说出一些非常可怕的、令人惊悚或者不适当的话,你也很快就选择了原谅,不会思索他为什么会这样,也毫不担忧他以后是不是会变本加厉。当他言语粗暴或者蛮横地对待一只动物或一个孩子的时候,你已经对他的性格有所觉察。你想起之前认识的一个人,你觉得他们有相似的行为,而那个人最终变得面目可怖。你"不想拿他与那个人比较",于是你很快翻篇,完全不注意你自己内心升起的恐惧。

有一天,你从他的谎言、刻意隐瞒的过去或者其他危险预警信号中,窥见了他本来的面目。可惜,你仍然按下了自己的疑虑,任凭自己受伤害的风险攀升。你谨遵原生家庭的教诲:给每个人机会,不要多疑,要接受男人就是这样的。

现在,你想一想,一个婴儿面对外界的惊吓或干扰时,是如何自然地做出反应的?他不会粉饰、不会忽视,也不会硬撑。相反,他会干脆地放声大哭、左右摇摆或者表现出极度惊吓的样子——这些才是对外界危险的最正常的反应。

我们不禁要问,为什么我们家庭中的女性长辈,不教我们在心里留意男人的性格特征?我们为什么不会留心他无意中流露出来的真实自我,即便他的本意并不想我们对此留心?经历这些事情的时候,我们为什么不密切观察自己的感受?我们的母亲为什么不教我们留意自己紧张的牙关、胃以及其他承载压力和显示真相的身体反应？为什么女性前辈不用年轻女孩易懂的语言教给她们有关危险男人的注意事项，包括恐惧会引起哪些生理反应？

托丽说：

"我妈妈来到美国，直到十几岁时才学会说英语。没结婚前，她甚至不知道男人有阴毛！像她这样的女人，能指望她传授给我什么智慧，帮我理解复杂的两性关系呢？她只会告诉我说'意大利男人就这样'。当我爸爸带着他的情妇出现在我家门口的时候，我妈妈说'男人都这样'。当他喝醉酒打人的时候，她说'至少他给我们钱花'。她给我的教育是：女人就应该顺从地接受生活中的一切不幸。周围的一切，一遍又一遍地敲打我：我是一个柔弱的人，我没有力量。社会制定了女性的行为准则，刻板的性别角色根深蒂固、牢不可破，我的妈妈一次次地原谅、纵容她暴力酗酒的丈夫，她用她的一生给我教学：家庭就是这样子。"

有的家庭看待问题非黑即白，这种家庭教育下成长起来的孩子，看待问题也会非常幼稚。如果女性在家庭中学到的是人的行为只有好坏之分，那么她长大之后就会把别人看成是纯粹的好人。但实际上，现实生活中的人绝大部分是处于灰色地带的，这些地带容纳着是非黑白的模糊性，同时也是日久见人心的人性检验等待室。有时候，我们只有足够了解一个人，才能够认清他的性格中的真实特征。那些从小被教育要无条件信任别人的女人，她们认为即便对方还没有证明自己，她们也应该先信任他人。如果她信任一个人，那么这个人肯定是好人，即便她对这个人还一无所知。如果她选择和这个男人交往，这个男人肯定是个好人。如果他是警察，他必然是好人；

如果他是牧师，那他绝对是好人。

女人仅仅根据一个男人的好行为就断定他是好人的思维方式是非常危险的。如果一个男人为一个女人开门、为晚餐结账或者是恭维她，这只能说明他有礼貌，并不意味着他的人品是健康的。绅士的行为并不等同于健全的人格。有些女性因为原生家庭教育的原因，不知道如何处理这种两面化的信息。她们不知道一个人品恶劣的人也可以表现出好的行为。（用后现代的术语，我们可以称之为"摆姿势"。）在这些女性的眼中，一个男人要么是好人，要么是坏人，他不可能同时具有好的和坏的人格特质。这种矛盾带来了压力，催促着这些女性给自己接触的男性贴上好或坏的标签，因为她们必须先在心里对这个男人做出决断。在非黑即白思维教育下成长起来的女性，长大之后会容易把行为等同于本性，这就破坏了她们自己的内在预警系统。

对于某些女性来说，与人品问题相比，一个男人的外部行为和他从事的工作更为重要。如果他是一名文质彬彬的教师，对待孩子细心有爱，那么他肯定是个好人——即便他可能是惯偷或者撒谎成性。我们前面所说的玛拉，她告诉我们，她接受的关于男人的全部教育，都是要她基于男人的职业以及他表现出来的风度对男人进行判断。她的妈妈告诉她，如果一个男人举止风度翩翩，那他肯定是个好男人。但就是这样的一个为她开车门的好男人，后来竟然试图强奸她！一边是她妈妈给她的教导，另一边是她内心嘶鸣的危险预警信号，她不知道该信任哪一方。玛拉的妈妈还特别强调男人的职业。她认为，即便是殴打妻子的消防员，也是善良勇敢的好男儿。有些职业本身就会受到广泛的社会尊重。玛拉从小到大都认为，从事某些特定职业的男人本身就值得尊重，同时也意味着他们是靠谱的婚恋对象。

女性自身的心理健康状态

女性忽视自己的危险预警信号的另一个原因与她们的心理健康状态有关。有的家庭教育年轻女孩要抑制自己的需求，这样的家庭教育为女性一生的不健康心理奠定了基础。如果一个家庭不把暴力当回事，宽容各种不当行为，对男女采用不同的标准，经常侵犯个人边界，那么从这样的家庭中出来的成年女性，更容易有心理问题。

这些问题可能包括低自尊、习惯性地在一段两性关系中逆来顺受、害怕被抛弃、信任问题、成瘾问题、依赖共生、饮食障碍、抑郁、焦虑、性障碍以及长期感到孤独。此外，还有其他一些诊断或未诊断出来的障碍。

女性在小时候接受的错误和不健康的信息，会造成她的心理上的功能失调、绝望，这些都会促使她接纳生活中的危险男人。在童年遭受过身体侵犯、在成年后被性侵犯或虐待过的女性，父母一方或双方有不良嗜好或患有重度精神疾病的女性，或者有过创伤性的寄养经历的女性，尤其有可能选择危险男人。遭受过虐待的女性会不自觉地保持麻木，切断自己与内在危险预警系统之间的联系，这样的女性可能需要心理咨询服务的介入，才能重新联结起自己的感受，以便在未来识别出危险信号。也许你已经意识到自己的心理问题，但不管怎么样，你要知道，抑郁、孤独和童年被虐待，可以训练女性忽视她自己潜意识中的预警。我此前的一位客户告诉我，"如果早知道我是因为心理健康问题才不断地选择垃圾男人，我会早几年接受心理咨询或药物治疗，采取一切措施阻断这个恶性循环。我不知道，原来是我的心理问题在驱使我不断做出错的行为和选择。"

我还要强调一点，不只是有心理问题的女人才会选择危险的和病态的男人。在后面的章节中我介绍的一些女性受害者，都来自稳定且正常的家庭。我想说的是，女性过去的心理健康问题，只是她选择危险男人的原因之一。

托丽的危险预警信号

托丽的家人对她所有的教导，都不及她内心的直觉来得准确。当她和杰伊在一起的时候，她每周都会抱怨"他让我后背疼"，她经常跟她朋友说自己想要他搬走（虽然她从来没有告诉过杰伊这个想法）。很快，托丽后背长出一个大脓疮。托丽现在终于意识到这个一直以来得不到响应的危险预警系统已经进入了紧急状态，挑明了她嘴上一直说但从未被落实的隐秘意愿。

在长达一年的时间里，托丽都在被这个脓疮折磨，治疗也收效甚微。我告诉她："和杰伊分手，你可能就会痊愈。"和杰伊分手一个月后，托丽的脓疮真的奇迹般消失了。

我们潜意识中的危险预警系统，可能不会像托丽的这么夸张。我们的信号，可能是在一个无眠的夜晚从心里升起的一个小小声音；可能是不断在我们的脑海中浮现的来自于一个朋友的逆耳评价；可能是我们持续性的胃部不适；也许是我们明知道答案却选择无视的一个恼人问题；也许是我们想要表现出来的放任自由的态度，我们假装与一个人在一起只是为了寻开心，但我们紧咬的牙关却揭穿了我们未言说的痛苦。

在自欺欺人的谎言背后，真相就藏在我们的危险预警系统内。这个危险预警系统一直在试图提醒你：有个危险的人在侵犯你的边界，搅扰你的生活。它想要引起你的注意，可是这么些年来，你一直忽视它，拒绝承认它，你合理化和淡化男人的不当行为，最终屏蔽了它。

你自己的危险预警信号

哪怕你已经通过"勤学苦练"，成功掌握了屏蔽危险预警信号的本领，你现在应该也已经对危险预警系统的作用机制非常了解了。好消息是，你可以重新训练自己收听这些信号，重新有意识地关注一直被你屏蔽的危险预警并利用它们来保护自己。无论你是因为社会潜规则、性别角色偏见、家庭教育、自身的心理健康问题还是其他原因而漠视这些危险预警信号的，现在你都可以重新捡回它们，利用它们所提供的信息，做出更明智的婚恋决策。

你的过去，包括你的情史，蕴含着丰富的信息。如果善加利用，它们可以帮助你改变自己总是挑选危险男人的习惯。我在练习册中设计的练习就是为了帮你系统地检验自己的过去，从过往的经历中吸取经验教训。通过详细地回顾过去，你可以探究童年教育和成年期决策之间的联系，对自己选择危险男人的深层动机有一些新的认识。

我们不仅能以自身为鉴，还能以他人为鉴。聪明的女性可以从所见所闻中学习，乐于以人为师、为镜。有一些女性会热心肠地分享她们的故事和危险预警信号，还有一些女性因为忽视和不尊重自己潜意识中的信号而纵身入局，并因此尝尽苦果。这些都是我们的学习素材。我们可以选择铭记她们的故事，并在此基础上优化自己的决策。通过这种方式，我们不必以身试险，为了能够了解危险男人而亲自去和各种类型的危险男人接触一遍。这也是为什么女性遇渣男的案例是本书内容不可或缺的一部分。在接下来的几个章节中，你要带着开放的心态去阅读每个故事，吸取每个故事中可能为你所用的信息。

我们能从其他女性的危险预警信号中学到什么？

在我为撰写本书做调研的时候，我想要了解女性的危险预警信号是什么，以及她们是如何积极回应或漠视这些信号的。我想知道这两种选择对应的结果。我所接触的女性经常告诉我以下三点：

※ 确实存在危险预警信号，而且在她们与危险男人的第一次约会时，这些信号就已经出现了。

※ 她们会有意识地漠视这些信号。

※ 危险预警信号对二人关系的最终破裂有着很强的指示性（也就是说，女性的危险预警信号，能够很好地预示二人关系的最终走向）。

实际上，没有一位女性告诉我，自己自始至终都没有接收到任何危险预警信号。相反，她们都会说，在与危险男人断绝关系后，进行感情复盘时，发现这些信号其实早早就出现了，并且它们通常与关系破裂的原因有所对应。这些女性也奇怪为什么自己要等到这场关系最终结束时，才注意到这些危险预警信号的存在，为什么自己不能从一开始就根据危险预警系统的提示，及时采取行动呢？根据前面的阐释，现在你已经知道，女性忽视自己的内在危险预警系统有着多方面的原因。

与我交谈过的女性，似乎都知道某些不妙的感觉就是危险预警信号，也知道它们蕴藏的含义。但是她们仍然选择漠视，甚至不与别人提起。幸运的是，这意味着，我们仍然能够决定自己如何处理这些危险预警系统发出的警告。从长期来看，漠视危险预警信号只是在拖延我们直面内心深处已经预知的最终结果。

下面我列举了一些例子，以说明女性处理危险预警信号的长期经验。

🔔 通常别人会帮助女性确认自己的危险预警信号，包括家人、朋友或者是危险男人的前女友。但是，女性不仅会忽视自己的危险预警信号，她们还会忽视来自他人的提醒，并由此屡屡错失早日脱离苦海的良机。

🔔 即使危险预警系统已经发出了警报，一些女性仍然倾向于关注男人的优点，并且淡化、忽视、否认或者包装男人那些负面的、危险的或令人不适的性格特征或行为。对于一些女性来说，找到这个男人的正面品格，比觉察到他的危险性更重要。为此，女性会更喜欢去追究男人心理疾病的成因以及他悲惨的人生经历，而不是去担心他的这些问题会不会伤害到自己。男人的悲惨经历让这些女性分散了精力，忘了问自己"既然他不是对的人，我应该为自己做什么样的打算呢？"

☀ 一些女性虽然接收到了危险预警信号，但是她们认为当下的这段关系会是例外。她们相信，这次针对这个男人的危险预警信号终会被证明是错误的，至于原因，连她们自己也说不清楚。这些女性已经和危险预警信号打过交道，知晓这些危险预警信号都具有很强的预言效力，但是她们仍然选择把它们抛在脑后，任由自己的幻想凌驾于现实。

☀ 一些女性往往为了获取一点关注（通常是带有一点类似于情感联系的肉体或性关系），愿意容忍关系里的瑕疵。绝大多数女性能够很早就看出一个危险男人的缺陷，虽然她们不甚满意，也对对方的不当行为感到担忧，但是她们仍愿意接纳这个男人为亲密关系带来的一点价值。这也就是为什么即便她们辨认出了某些行为的危险性，仍然会淡化、漠视、否认或包装这些行为，而不愿意放弃这个男人带来的那一点价值。

☀ 一旦女性开始接纳男人的缺陷行为，她们就会告诉自己，或许自己可以"改掉"男人身上那些令她不满或担忧的部分。只不过她想改掉的那些部分往往正是男人的危险性所在，因此，这场"改造工程"必然是徒劳无功的。

☀ 还有一些女性忽视危险预警信号，愿意进入一段令人沮丧的关系中，是因为不知道怎么独处，或者不知道如何自在地独处。她们可能刚刚离婚或者正在准备离婚，或者童年有着不正常的家庭关系，或者遭受过虐待，这些都可能促使一个女人选择或坚持留在一段不好的关系中。在被问及为什么会与明知他危险的男人、自己并不满意的男人或者是已婚已有女朋友的男人在一起时，一些女性会说是因为自己感到孤独，或者说只是想玩玩，为了消愁破闷。

☀ 我采访的绝大多数女性，都不能从过去失败的关系中吸取教训，她们甚至都看不出此前失败的恋爱或婚姻之间存在着什么相似性。她们中的大多数人都不会给自己留足够长的空窗期，来复盘她们历任危险男人共有的性格缺陷；她们也不会向内反省自己的问题，比如心理问题。她们虽然意识到自己忽视了危险预警信号，但却看不清自己过去不断选择的各种男人之间的相似之处。

- 有少数女性能够清晰描述出所交往的男人属于哪种类型，但她们中的很多人都坚信自己以后再也不会选择类似的男人了。即便没有参加过心理咨询，她们也信心十足，认为自己已经从过去的伤痛中觉醒，再也不会上男人的当了。受伤的经历给了她们一种不切实际的信心，认为自己获得了一道坚固的免疫屏障，再也不会选错人。可惜真相并非如此。即便是为本书贡献了案例的女性，以及极度自信已经吃一堑长一智的女性，也会有一些再次陷入糟糕的关系之中。

- 很大一部分女性认为一切都是男人的错。她们把自己看作是心怀不轨的男人挑选的"受害者"和"目标"。虽然事实通常确实如此，尤其是当对方是情感捕食型的危险男人时，但是这些女性没有看到作为情感关系的其中一方，自己同意了第一次约会，以及此后的每一次接触。她们是这场互选游戏中的另一方。有些女性不会停下来给自己足够长的时间反思为什么交往了不止一个危险男人，也不去探究自己是出于什么样的原因和动机，做出这样习惯性的选择。这些女性有很大的概率会重复自己的际遇。她们通常会寄希望于男方能够主动把她们从一场关系中解放出来，而不是自己主动结束。

我采访的女性中，很大一部分是职业女性。她们在自己的领域才华横溢、光芒万丈。因此人们想当然地认为，只有年轻的、低智的、贫穷的或者是受教育程度低的女性，才会和危险男人纠缠在一起。但我的研究推翻了这一认知。同样，我的研究所涉及的年轻女性（十六岁到十九岁之间），也都是学校中品学兼优的好学生，并且来自中上阶层家庭。

启示

不可思议的是，有些女性单纯因为无聊而选择危险的或病态的男人；还有些女性因为拒绝反思自己的过去而持续在危险男人中打转。其中，最重要的一个理由就是：女性害怕孤独，迫切地需要男人的陪伴。对于她们来说，单身状态就几乎等同于要孤独终老。为什么一些女性会将短暂的情感空窗状态等同于永远不进入亲密关系中呢？

我采访过的女性都认为，花很长时间考察一个男人的做法已经过时。不仅是年轻女性，各个年龄段的女性都有这个心理。尽管她们中的大多数人都宣称自己不是"单纯为了获取关注"才恋爱的，也羞于承认自己对孤独、被抛弃或者单身状态的恐惧，但她们的的确确就是这样。她们用来掩饰自己心理的那一套说辞，和她们用来包装和粉饰男人危险行为的说辞是一样的。

交往危险男人的女性，她们的恋爱进程就像暴风雨一样迅猛、强烈。她们认识一个男人几个月就和他发展出性关系，不到一年就开始与之同居或者结婚。还有一些人则明知故犯，对已婚男来者不拒。

对于一个"愿打"的危险男人来说，一个"愿挨"的伴侣站在面前，简直是再好不过的消息；但是对于一个追求健康的、能够滋养自己的两性关系却又"愿挨"的女性来说，这绝非是好消息。在寻找恋爱对象的时候，太多的女性采用了错误的方法，她们信奉破绽百出的理念，采用宽松的筛选标准。我们常常会不理会自己的危险预警信号，不承认一个男人真实的本性，选择接受他本不该被接受的行为，这一切都只是为了避免面对孤独或者无聊。这样的态度简直就是向危险男人共享自己的定位。

真诚面对自己

如果你不打算告诉约会对象你对于亲密关系的真实期待，那么请你至少对自己开诚布公。请你诚实地区分自己的想法和行为，包括你与某个男人交往的理由，这种诚实可以挽救你的情感健康，甚至你的生命。

我接触过的绝大多数女性都不愿意承认自己真实的行为或者动机。她们会欺骗自己，并且基本上围绕着同一个主题："我和这个男人在一起只是为了寻开心。"用她们的话说："我并不打算和他认真发展。"但问题是，她们寻开心的对象，是不正常的、有暴力倾向的或者有其他危险特征的男人。还有一些女性则告诉自己："我知道我在做什么，我之前有过这样的经历，我受过伤害，所以我知道该注意什么。"但与此同时，与她们约会的却是藏有重大秘密的男人、在情感上无法投入的男人或者已婚男人。"之前有过类似经历"的这个理由促使女人认为，她们不会再落入男人的圈套，但当她们自愿和一个危险男人在一起时，意味着她们已经自投罗网了。所以，女人眼中的"寻开心"到底是什么呢？

从直截了当地否认到隐晦的自恋，女性欺骗自己时花样百出。她们似乎认为自己无论做出多坏的选择，都能够避开本不可避免的

自然后果。或者她们坚信，自己只是随便和这类男人玩玩，不会受
到任何伤害。由于不能识别自己真正的动机、不承认自己的所作所为，
不能预测自身行为所带来的后果，她们尤其可能受到伤害。这些女
性缺少基本的生存技能，她们不明因果，不知道选择决定结果。

女性的自我伤害行为

我需要在此重申本章前面的内容：虽然我们倾向于把遇人不淑
的不幸都归罪到男人身上，认为这一切都是因为他选择了我们，但
实际上，女性也通过解离[1]和否认等做法，参与到了这场"双人舞"
之中。我们不仅是受害者，还是自愿参与者。既然我们是自愿参与的，
那好消息就是：我们也可以选择退出！我们可以主动与对方解绑！
一旦我们认识到自我伤害的行为——也就是那些会增加我们选择危
险男人概率的行为，我们就可以打破恶性循环。现在让我们看一看
女性身上常见的几种自我伤害行为。

主动忽略危险预警信号

要想避开危险的、病态的男人，女性必须明白，忽略危险预警
信号会破坏你的危险预警系统。如果你能留意到一个信号，那证明
你的危险预警系统在正常运作。但如果你仍然决定和这个男人在一
起，并且用"我和他在一起只是玩玩而已"的理由解除警报，你就

---

[1] 解离（dissociation）：在记忆、自我意识或认知的功能上的崩解。——编者注

是在违反你内在安保系统的提示。随着你和他在一起的时间越来越久，你对他的缺陷了解得越来越深刻，你开始强迫自己只关注他好的一面。你努力强调这场关系的趣味性，就是为了证明你和他在一起只是玩玩。你这么做，其实就是在积极破坏你的危险预警系统。你本应该是最关心你自身安全的那个人，现在却给你自己的内在安保系统"断了电"。这么做可怪不得旁人，是你在进行自我伤害。

你缓慢而有章法地拆解着你的安保系统，你的标准开始降低。你当然不会明知故犯地和一个心理不正常的男人恋爱，所以当他表现出慢性的情绪波动时，你直接视而不见。你的边界开始偏移。你当然不认同女性应该和一个成瘾的男人交往，但你遇到的男人不一样——"他只是爱玩、喜欢热闹的人而已，并且最近他有太多的理由值得大肆庆祝。"谁又愿意和一个暴力的男人在一起呢？不，你遇到的男人不一样，他从没打过你，"只是在愤怒时会捶墙而已"，所以他并不是真的暴力。你的家人当然不会赞成你和一个已婚男人纠缠在一起，但是你的男朋友"很快就会摆脱现在的婚姻"，在你的眼里，这等同于他已是自由身。就这样，很快，那些本来在你心中嗡嗡作响的警报声变成了无声的震动。

缺乏个人边界

遭遇危险男人的女性，还有一种同样危险的行为，那就是缺少标准和边界。我接触过的（以及接受过我的心理咨询服务的）女性告诉我，当她们感觉到无聊或者是孤独时，她们愿意做任何事来摆脱这种感觉。也正是这个原因，她们愚弄自己说和这个男人在一起只是为了"玩一玩"，而既然只是"玩一玩"，所以绝不会遭受情感或者身体上的伤害。但是谁说"玩一玩"就不会被伤害？

　　女性的经历无数次地证明，践踏自己标准和边界这件事，做起来是会熟能生巧的。第十一章对个人边界有更多的介绍，但此处我们首先要明白，我们人类可以驯化自己接受他人的特定行为。这意味着，如果你一直以来交往的都是病态的或危险的男人，那么一些病态的行为在你眼中会变得正常。一套观念系统，你信奉它的时间越长，它在你的世界观中就变得越合理。有些女性蓦然回首，惊讶地发现自己已经交往过四五个危险男人。她们自己都不明白这样具有自毁性甚至致命的行为模式是怎样形成的。答案就是：她们降低个人边界的标准，忽视每一段关系中的危险预警信号，直到她们的情史充满了各种各样的危险关系，直到危险男人似乎成了她们的"专属伴侣"。

　　这一点并不难理解。如果我们持续地忽视身心发送过来的情感、精神和生理的危险预警信号，那么我们最终就会屏蔽所有发送过来的危险提示。因此，那些打着"寻开心"的名义选择危险男人的女性，她们绝不仅仅是寻开心、丰富自己的生活，实际上她们是在训练自己去接纳下一个危险男人。而这样的男人，正在乐不可支地等待着成为她们的"乐子"。就像我前面提到过的，女性和危险男人待的时间越久，她们就越会调整自己，以适应这段不健康的关系。这让我想起了斯德哥尔摩综合征，也就是人质开始共情和认同绑匪以适应自己的处境。当对方的行为和思想对你产生了强烈的困扰，为了平息内心的不安，女性便会开始接受对方病态的思想和行为。

　　我曾在与医院合作的项目中接触过一些女性，她们在小组咨询上发表的言论颇具病态色彩，但心理学检查则表明她们并没有什么心理或精神问题。我们称这样的人为"假性病态"。虽然她们没有被临床诊断为患有某种疾病，但是由于长期与各种病态不正常的人在一起，她们的行为也开始变得不健康。

缺乏洞察力

一些女性总是高估自己看人的眼光。她们也许有一双慧眼，但是一旦涉及自己的恋爱，她们就将这套法宝束之高阁，开始陷入交往危险男人的死循环中。这些女性不能从过去的失败中汲取教训。她们不反思自己的过往和行为模式，同时还为自己不反思过去开脱。她们受激情和冲动驱使，选择婚恋对象时，仅凭对方强烈的情感吸引力和性吸引力，就纵身奔赴。

她们薄弱的洞察力已经换成了"奇想"。这种思维方式使得她们无视事实，用幻想替代现实，摒弃逻辑，混杂着主观臆想。她们所求颇多，但是诉求的对象却并非良人。她们执着于童话故事，期待像睡美人那样被风度翩翩的王子吻醒，像灰姑娘那样与王子一舞后就脱离不幸的原生家庭。

结论

我们每个人手上都有下面所列的几种基本能力，可以用来保护我们自己。但前提是，我们要愿意使用。

※ 感知危险预警信号并做出回应的能力

※ 反思过往并从中学习的能力

※ 直视自己真实的想法、动机和行为的能力

※ 有意识地做出明智决策的能力

　　如果你认可上面所列的内容，就意味着我们要肩负起为自己选择安全又健康的亲密关系的责任。为了使用这些工具，我们必须倾听自己的直觉，接受自己过往经历中显露的残酷真相，直面内心的隐藏动机，承认我们对事实的蓄意扭曲，有意识地做出改变，并承担相应的责任。

　　在断定自己从过去受伤的经历中吸取了经验教训之前，最好先阅读接下来介绍危险男人类型的几个章节。第十一章中有一个标题为"再遇危险男人的风险"的测试，它可以让你看一看自己有多大的可能性会再次经历消耗性的、不健康的危险关系。附带的练习册中，还有一章可以帮助你识别和检验你的漏洞，以及你用什么样的话术和行为说服自己继续留在一段不健康的关系中。

　　此外，为了帮助你提醒自己吸纳内心危险预警系统所蕴藏的智慧，记住一个缩写WITS（W代表女人，I代表直觉，T代表规训，S代表系统）。我认为信任自己内在的危险预警系统，就是在训练自己的直觉。

　　最后，我们还可以借鉴其他女性的教训。如果我们能留意自己的危险预警信号，从自己的经历和见闻之中汲取智慧，以其他女性的不幸遭遇为戒，那么我们就更有可能获得安全、健康的亲密关系。

姐妹们的现身说法

接下来我会用八章的篇幅对第一章中所列的八种危险男人依次展开介绍。但首先，有几位在本书中分享了自己不幸遭遇的女性，想要分享一下她们是如何错失逃离苦海的良机，并因此得出的经验。

> "很早就有人告诉过我，他曾经和他的前任们有过肢体冲突。但我当时认为我跟她们不一样。他甚至也告诉过我，他的一任前女友曾经挥刀赶他离开。她为什么要动刀呢？他讨厌自己的父母和绝大部分的家人，这一点让我觉得很奇怪。之后他还告诉我，他的爸爸经常殴打他的妈妈。人们不是经常说有其父必有其子吗？我为什么就不信这句老话。他还说过，他希望能找到一个百依百顺的女人，我当时也觉得这没什么。
>
> "我很早就意识到他其实很像我的父亲，我的父亲也经常打女人。他们都爱撒谎，也都酗酒。我的危险预警信号在鸣叫，但我当时选择不听。他与我父亲的相似之处，足以说明他有很大问题，但是因为他既有钱又有名气，我就幻想他会和我结婚。我本不应该听他说了什么，而应该去看他做了什么，应该留意我内心的危险预警信号。"
>
> （详见第九章）

> "他能说会道，口若悬河，但这些都只是肤浅的魅力。我本不应该让自己对他上头。他表现得"太过迷人"这一点绝对

暗藏不妙。现在，如果有人做出让我感到不适的行为，我会立即转身走开——我说的不只是物理空间上的"走开"，还包括和这个人解绑情感关系。现在我才明白为什么自己在那些场合中会觉得不舒服。我现在已经学会了提高警惕，会仔细留意一个男人的朋友和他的家人，只有先做好功课，才不会被后面的意外发现打得措手不及。同样，通过一个男人的工作经历，也能更加全面地了解他的情况。如果你慢慢来，细心留意，你就不会陷得太深、太快，也更容易及时抽身。"

——詹妮

（详见第十章和第十三章）

为本书贡献了自己故事的几位女性都希望你：不要过度关注你的情感故事和她们的故事有什么不同，不要对这些故事吹毛求疵，哄骗自己继续维持不健康的关系，辩解说你的男人和她们的男人多"不一样"。相反，你要去寻证她们的故事和你的故事之间存在的相似之处。有过不幸情感经历的女人有很多很多，你要从她们的经历中学习，这样你才能护自己的周全，才有能力、有机会做出更明智的选择。

第三章

永久黏人型男人

永久黏人型男人看起来情感细腻、温暖体贴，这项品质足以令很多女人倾心。像你的闺蜜一样，他们有着丰富的同情心，强大的共情能力，会为过往的伤痛伤心落泪。但实际上，这种最初吸引女性的柔情，最终也会是让人想逃离的缘由。因为他细腻的情感实际上只是掩盖了严重的心理问题。他对伴侣极端依恋，而罪魁祸首很可能就是他在童年早期的需求没有得到满足。

想找一个永远都不会离开你的爱人吗？他就是这样的！但是要记住，这句话的重点是"永远"。当你选择了他，他也要求你的陪伴必须是时时刻刻、生生世世的。

从迷恋到窒息

对受过其他危险男人伤害的女性来说，永久黏人型男人有着天然的吸引力。与情感捕食型、暴力型和心不在焉型男人（我将会在后续章节中一一介绍他们）相比，永久黏人型男人宛若天使——至少一开始的时候是这样。很多女性刚从其他危险关系中爬出来，就如寻到救赎一般扑进永久黏人型男人的怀抱，就因为他们能给予女性持续的关注。情感捕食型、暴力型、成瘾型和心不在焉型男人都有着格外明显的危害性。相比之下，永久黏人型男人伤害其伴侣的方式则更为隐蔽，他们黏人到不可思议的程度，以至于带有施虐的味道。

永久黏人型男人和寻求抚育型男人（详见下一章）是一对"近缘表亲"，和这两类男人交往的女性都有共同的认知误区。在她们眼中，这些男人相比其他类型的危险男人，似乎更加人畜无害，以至于可以让她们放下戒备。但她们所寻找的，不过是伪装成谦谦君子的"危险分子"。对经历过一些可怕的亲密关系的女性来说，这种男人就像是软绵绵的面条，是一个相对安全的选项。但是可别搞错了：永久黏人型男人本质上是病态的。

永久黏人型男人看起来情感细腻、温暖体贴，这项品质足以令很多女人倾心。像你的闺蜜一样，他们有着丰富的同情心，强大的共情能力，会为过往的伤痛伤心落泪。很多女性挺身而出，试图去抚平别的女人带给他的情感创伤。

但实际上，这种最初吸引女性的柔情，最终也会是让人想逃离的缘由。因为他细腻的情感实际上只是掩盖了严重的心理问题。他对伴侣极端依恋，而罪魁祸首很可能就是他在童年早期的需求没有得到满足。耳鬓厮磨最终却变成了令人窒息的囚禁，他的依恋会让女人喘不过气。这时，与他交往的女性即便回报以无微不至的关怀，也只能短暂地安抚他。

寻求抚育型男人想让你像母亲一样关注他（他想要你伺候他、骄纵他），而永久黏人型男人却想要反过来这样要求你。他疯狂地需要你，无法忍受你离开他一时一刻，把他全部的注意力都放在你身上，让你感到筋疲力尽。他甚至愿意呼吸你呼出的空气。他（过于）热切渴望并且（过于）有能力给予你关心，哪怕你不需要或已经难以承受。

永久黏人型男人有很大的情感需求，他们中的很多人都患有回避型人格障碍（见附录）。当你想要给他划定边界，他就会变成受害者的样子，仿佛你这样做是在要他的命。但实际上，绝大多数女性要求的不过是一点点空间和时间留给自己和朋友。永久黏人型男人的恋爱工具箱里装满了用来博你同情、让你对他产生愧疚、索要你时间和注意力的工具。他用这些工具把你绑在他的身边，因为他自己没有什么朋友，也没有什么爱好。由于他没有个人生活，他不会认为对你的这些要求是不合情理的。一开始，为了不让他生气，或少发脾气，或者让他停止纠缠，你会放弃自己的兴趣、朋友、家人和生活。随着你放弃的东西越来越多，他在获得片刻的安抚后则变本加厉地索取。如此,一步一步,他的要求越提越多,直到超出任何女性的承受上限。

他最初只是想成为你关注的焦点,很快他就想完完全全占有你。同样,他对你的关心,也开始变成嫉妒和猜疑,并且努力阻止你投入外部生活。永久黏人型男人的疑心是一把隐秘的利刃。他表现得神经兮兮(无论他是否真的有这样的感受),为了控制你,让你放弃他害怕你经历的那部分生活。他的偏执可能是针对你的女性朋友、工作、家人或者是男性朋友。基本上,你的任何外部生活都会引起他的不安。由于神经兮兮,无法实现心灵自主,他只能在两性关系之中找到自我价值感。因此,他需要的只是一个人占据他的注意力,好让他忘却他没有自我的事实。至于这个人是谁并不重要,唯一重要的是这个人能在多大程度上帮助他逃避自己内心的恐惧。

永久黏人型男人满脑子都是别人对自己的批评(无论是真实的还是假想的)和排斥。别人对他行为的稍稍指正,都能够在他的内心掀起惊涛骇浪。他在大多数情况下都将自己视为弱者,觉得自己处处不如人。他的行为可以用害羞、安静、胆怯甚至是紧张来形容。

在工作方面,永久黏人型男人会逃避责任。他害怕与升职相伴而来的批评,所以在事业领域,他通常是低功能者。他害怕同事、老板或任何其他人提出异议。由于从不积极争取和表现,他总是升职无望。同样,他在社交方面也表现得非常笨拙,他不想和你的朋友一起玩,普普通通的活动在他眼中都是挑战。

由于有回避型人格障碍(这其实也是一种病态),在他眼中每一场恋爱关系都印证了他是一个无能、无力的弱者。每当一个女人离开他,他的这种自我定义就会得到强化,强化程度则取决于下一任"接盘"的人。由于他的自我认知始终取决于特定时间所交往的某个女性，所以他一直缺乏安全感。每一场关系的破裂都令他不安，他竭尽所能地阻止分手，因为，随着关系的解体他的自我价值感也会随之消散。由于缺乏自我认知，他把伴侣当成是生活的首要重心，这样他就可以不必直面孤独和被排斥感。

永久黏人型男人之所以被甩，是因为他们的伴侣到头来会感到自己被掏空了。他们的前任女友或妻子都因为忍受不了他们令人窒息的控制而逃离。照顾他们比照顾一个新生儿还令人筋疲力尽。就算举一国之财，对永久黏人型男人进行情感"投资"，也无法满足他们。永久黏人型男人的欲求超出了任何一个女性的供应能力。他们就像一个榨干女性灵魂的黑洞，你永远无法令他餍足。无论他们有什么悲惨的童年经历，你都要明白的是：他们从成年后建立的关系中汲取的生命力永远无法弥补童年的缺失。

摆脱永久黏人型男人很不容易。他们为了不被抛弃或拒绝，会哭天喊地、死缠烂打，用自残威胁你，不断骚扰你，甚至会跟踪你。尽管有些女性很吃这一套，觉得是对自己魅力的认可，但你要明白，他做的这一切并不是因为你本人。他在意的不是你的人格、你们一起对未来的美好愿景或者是你们之间独一无二的爱情，他这么做只是因为你是一个会呼吸的活物，你的存在能够帮助他忘记他最害怕的东西——被抛弃。女性经常会错误地认为，如果能够修复好他的自尊，你就能够快速与他解绑。因此，为了提振他低落的自尊，你拖延着不做了断。但问题是：他的自尊永远都无法修复，你如果抱着这样的心思，永远都没有合适的分手时机。

他们的目标女性

永久黏人型男人喜欢趁虚而入，接近受过情感伤害的女人，所以那些刚刚与前任痛苦决裂，或者刚刚结束不堪婚姻的女性，是他们最好的目标。此外，如果一个女人曾频频与自大、以自我为中心或者心不在焉的男人相恋，也会格外吸引永久黏人型男人的注意，因为经历过这些男人"塑造"的女性正与他们的需求相契合。永久黏人型男人格外喜爱"多愁善感"的女性，并且能够与她们共情。当他说出了女性心里的感受时，她会觉得如丝竹入耳，认为自己得遇知己。被过去的伴侣玩弄和抛弃，这些相似的经历能够迅速拉近二人的距离。

两个人抱团取暖，互相倾诉着相似的悲惨际遇，这种假象掩盖了永久黏人型男人永远以受害者身份自居的真相。正是因为如此，这些女性喜欢把永久黏人型男人描述成"好男人""世所罕见的暖男"。在她们眼中，这类男人更像是正在走出情感伤痛的"朋友"，而不是一个病态的个体。永久黏人型男人所仰仗的，不过就是急于倾诉悲伤过往的女性，能把他当成亲切的、思想合拍的贴心知己。

永久黏人型男人会幻想理想的亲密关系，是因为他们从来没有拥有过。拥有同样幻想的女性会被他引导，接纳他对亲密关系的"设想"。这种设想听起来没什么毛病——唯一的问题在于：他从来没有将它变成现实。

如果一个女性的原生家庭中曾经有神经质的男性家人，那么她就很难抵御这类危险男人。如果一个女人不想被看作铁石心肠、挑剔刻薄，那么即便在初遇这个男人时她的危险预警信号已经响起，她也会因为不愿伤害他的感情而不说分手。被永久黏人型男人吃定的正是这样的女性！他知道，这种和自己一样敏感脆弱的女性，由于自己受过伤害，所以会尽量避免伤害别人。拿捏着女性的这种心理，他在情场中无往不胜。

认为可以用一己之爱抚平男人创伤的女性，尤其容易被永久黏人型男人（以及精神异常的男人和寻求抚育型男人）所吸引。如果你认为永久黏人型男人需要的"只是一个好女人的爱"，那么我劝你听听美国乡村音乐、西部歌曲就够了，因为一旦投身和这种男人的亲密关系，再想重新找回自己和自己的正常生活，就不知道要再花费几年几月了。

他们为什么能得手？

永久黏人型男人之所以能够得手，是因为他擅于在你需要的时候推销自己。由于他和曾经伤害你的那个男人截然不同，所以你会误以为，他会是那个你永生不弃的真命天子。

他给予你的关注是过度的，但一开始你不这么想，你觉得这种超额的关注正是你一生孜孜以求的。他不像你的前男友，他把你看得比踢球重要，比哥们儿重要（其实他根本没朋友！），甚至比事业都重要，而且他身边没有任何莺莺燕燕会让你烦恼。对一些女性来说，这与以往的恋爱体验截然不同，以至于她们开始恍惚，"是不是好的感情就应该是这样"。

关于亲密关系，永久黏人型男人能够发表一些正常又通透的见解，因为这样的关系自然而然地存在于他的幻想之中。他的幻想包括永远不被拒绝，以及获得完满和充满活力的人生。他们谈论着这些梦想，仿佛是现实一般。这种夸夸其谈的能力，对那些本身羞怯或者想要找一个"勇于表现自己"的男人的女人来说，可能颇具吸引力。但事实上，这些永久黏人型男人永远不可能将这些梦想和理念在现实世界中兑现。

永久黏人型男人会迅速把你拉进世界的中心，而他也自然而然地期待你投桃报李，成为你的世界中心。他对你的追求迅猛如雷霆闪电，他要的亲密是无时无刻的，是每天 24 小时都黏在一起。他最怕被你拒绝，所以他把整个恋爱进程推进得很快，以确保在太多现实掺合进来之前，与你建立稳定的关系。很快，你就会发现，成为他的世界中心意味着，你也要放弃与任何其他人或者其他事物的联系。

永久黏人型男人——以及本书中描写的其他类型的危险男人，之所以能够屡屡得手的首要原因是：尽管这些心理病态的男人魅力参差不齐，但他们总体上都具有吸引女性的本事，至少能让女性有乍见之欢。这些男人之所以危险的另一个原因就是：普通人一般看不穿他们的心机手段，除非曾经在这上面吃过苦头。

下文分别是薇洛和帕特丽娜与永久黏人型男人相处的故事。看看她们在情感关系中感受到的那种窒息，是否引起了你的共鸣。

薇洛的故事

薇洛不知道自己是从哪一步开始走错的。她的初恋是一名叫作麦克的年轻人，麦克甘于付出，情绪稳定，有道德、有良知、心理健康。但不幸的是，她的情感生活高开低走，她遇到的第二个男人戴恩则是一个花花公子，他心底里信奉的是"不存在一夫一妻"。他有着极为自恋的一面，并且和他有瓜葛的女人无不被他吃干抹净。他的兴趣只在于他自身，他所关切的只是自己的需求。薇洛和他订了婚，但是最终双双悔婚。她觉得，没和他走入婚姻是上帝的照拂。

不知不觉之间，盖瑞特走进了薇洛的世界。那时，她还是一名大学生，在一家临时工服务中介做兼职。盖瑞特是她办公室里的同事。彼时，和戴恩的一次次争吵，令薇洛身心俱疲，她打算空窗一段时间。有一天，盖瑞特邀请她去和办公室的其他人一起搭伙吃饭，她觉得这提议不错，正好可以借机认识一下别的同事。

盖瑞特和戴恩完全相反。二十岁的薇洛认为，既然戴恩是个渣男，那么好男人必然拥有与他完全相反的特征。盖瑞特身上聚齐了所有与戴恩相反的特点。戴恩只关心自己、自己的事业、朋友和其他女人，但盖瑞特的注意力都在薇洛身上，陪她哀悼刚刚失掉的恋情，把她的每句话都放在心上。

和大家一起吃过几顿饭后，盖瑞特和薇洛开始单独出来吃饭。这时，盖瑞特告诉薇洛，自己和妻子正在分居，有一个两岁的女儿。薇洛听了，一时不知该作何感想。他仍然是已婚的状态，并且有一个还那么小的孩子，难道不应该尝试修复一下这段婚姻吗？对此，盖瑞特说他们已经分居一年了，妻子在分居之前就有了外遇。他觉得自己完全是这段婚姻的受害者，离婚已经势在必行。

薇洛想"且走且看"，慢慢发展。毕竟，前任戴恩伤透了她的心，但是盖瑞特似乎非常急切想与她确定关系。薇洛觉得他有些让人难以招架。和戴恩在一起时，她很难获得关注，而盖瑞特不一样，他给予她的简直是排山倒海般的关心。一时之间，她竟不清楚这样浓烈的爱是否正常。

盖瑞特想每时每刻都和薇洛待在一起。他想要更进一步的欲望简直要将薇洛吞没。很快，薇洛发现，她不能在他面前谈论自己过去的感情，也不能谈论她是如何走出失恋阴霾的。每当她谈起前任戴恩或者是其他男性朋友时，盖瑞特就表现得很受伤，醋意大发。不久，他甚至开始怀疑她的女性朋友。只要薇洛和家人以外的人一起活动，盖瑞特都不放心。

盖瑞特似乎嫉妒她身边的每个朋友，尽管薇洛觉得这不正常，但她还是将自己的危险预警信号进行了扭曲，说服自己接受他的这种占有欲。她为他开脱，说他"刚离婚，被妻子带了绿帽子，又失去了孩子的抚养权，所以心理受到了很大的冲击。现在，他需要一点关心，后面会好起来的"。但是几个月过去了，薇洛仍然是他关注的焦点，同样，他也要求自己成为薇洛的焦点，不允许她做其他她想做的事情。

在盖瑞特的眼里，薇洛的学业也开始成了一个问题。薇洛毕业后，他问她是否真的要做律师助理。因为这个职位需要围着律师转，而这让他感觉非常不舒服。他不希望薇洛从事这样的工作，建议她做法律秘书。

薇洛辞掉了在临时工服务中介的工作，但是无论她做什么工作，盖瑞特都会去她办公的地方"接她吃午饭"。他的真实目的是打探她周围有多少男人。他解释说，他这么做是因为薇洛妩媚动人，而"天下男人都憋着坏心思"，得小心提防。

薇洛的闺蜜开始抱怨她不出来过"女生之夜"或是一起逛街。薇洛发现，要让盖瑞特同意她晚上外出，她需要提前给他做很多思想工作，还要在这之后的好几个星期里，再三向他保证没有做过对不起他的事。薇洛的家人告诉她，他们觉得盖瑞特是一个"窝囊废""黏人精"，依赖心强。但是薇洛总是拿他与戴恩比较，认为"至少他没有出去瞎混"。尽管薇洛已经睁一只眼闭一只眼，但盖瑞特的行为中仍然有很多让她忧心的地方。只不过，她并不拿盖瑞特与情绪稳定、精神正常的麦克比较，而是拿他与无比差劲的戴恩比较。所谓"全靠同行衬托"，当与其他一些类型的危险男人相比时，永久黏人型男人竟显得还不错。

盖瑞特只有一个朋友，但是他从来不和这个朋友单独见面，只在路过朋友家时拉着薇洛进去坐坐。他几乎没有什么需要外出的爱好，他喜欢的活动大多都是薇洛在家时他能够在车库里做的事情。他需要不停地确认薇洛永远不会离开他。如果薇洛表示很想和一个女性朋友去打网球，他都会觉得自己"被抛弃了"。

不幸的是，薇洛最终还是嫁给了盖瑞特，而他继续着这种着魔般的猜疑。婚礼刚结束，盖瑞特就想搬去别的州居住。薇洛没有意识到这是一个危险信号，他其实是想把她与她的家人隔开。她们刚搬进新家，盖瑞特就让薇洛辞去律师助理的工作。这样一来，她在大学里刻苦习得的一身学识没了用武之地。她改行换业，找了一份新工作，但很快盖瑞特又开始监控起她的着装，何时出发上班，何时到达工作地点。

婚后，矛盾层出不穷，薇洛意识到，可能正是盖瑞特的偏执和控制欲葬送了他第一段婚姻。在薇洛决意离婚的那一夜，盖瑞特蜷缩成一团在地板上哭嚎，威胁她说如果再有一个女人离开他，他就自杀。每一次薇洛尝试离开，他都会以自残威胁。最终，薇洛还是结束了这场婚姻。盖瑞特则被转到精神病院，在那里待到精神稳定下来。在他出院之前，薇洛已经搬回了自己家人身边。盖瑞特开始酗酒，并将酗酒的问题归罪到那些抛弃他的女人身上。他从一段关系跳到另一段关系，利用自己的黏人性和依赖性，用薇洛的话说，"绑架情感人质"。

帕特丽娜的故事

帕特丽娜和艾萨克在大学相识，她主修新闻，他主修艺术，这是帕特丽娜的第一段长时间的恋爱。她在高中时期只是和同学有过情愫，但从没想发展真正的恋爱关系，因为觉得自己年纪还太小。而艾萨克已经疯狂爱过很多女人了，但据他说，最终这些女人都离开了他，令他心碎。

帕特丽娜说：

"我和他在一起大约三个月后，他就开始表现得很黏人、难缠起来。那个时候我收到了一个前男友寄过来的圣诞贺卡，他知道后，表现出疯狂的醋意和不安。即便如此，我还是继续和他相处了三年。真是昏了头！

"每当我和其他男性有任何接触，他就惶惶不安，表现得尤其缠人。如果哪天我和一个男人多说了两句话，他甚至都不允许我去另外一个房间待会儿。而如果我去了另外一个房间，他就会追过来，责怪我不关心他。他每天都会盘问我和哪些男性说过话，包括加油站的服务员，干洗店的干洗工，任何男人！多可笑可怜！看着这样一个男人努力和一个女人维持这样一段感情，我越来越觉得他很可悲。

"艾萨克越来越害怕我与别的男人接触，如果我与一个男人交谈，艾萨克就会在我身上发泄令人难以忍受的性欲。他强烈的身体亲近需求是他对我的控制欲的一部分，也是他寻求关注的一部分。我感觉和他的性生活，就像是对他的一种赔偿。他想用与我的身体联系去拯救自己的灵魂。我就像是被一条狗抬腿撒尿，标记上'艾萨克所有'的物件。我第一次认识到，依赖并不是爱。

"他的嫉妒、依赖、缠人、占有和控制，最终驱使我离开了他，这个杰基尔和海德[1]一样的男人，就像他的几个前任离开他一样。我之所以被这层关系绑缚了三年，是因为我觉得我爱他温柔敏感的一面，他表现得像是对我有无限的爱慕。在一些明媚的日子里，他待我比任何人都要好。我确信，至少最初确信，他异乎寻常的占有欲，是因为他对我情难自已，是特殊情况。但是随着时间推移，这些行为开始成了家常便饭，我开始意识到，他爱的其实并非我本人，他对孤独的恐惧超出了他爱别人的需求。因为我的存在，他就可以逃避本需要他花大力气处理的内部心理问题。

"我们接受过多次个人心理咨询和夫妻咨询，但这些问题从来没得到解决，因为他从来不去面对。他强烈否认自己的行为，所以我们一直无法厘清，到底是什么摧残了他的人格，让他变成现在这样子，所以更别说解决问题了。我对他的爱无法令他满意，而他对我的关心则超出了我的承受限度。他不能够和另一方保持一种恰当的相互关爱，只会毫无节制地执着于自己的意愿，令另一方痛苦不堪。"

---

[1] 杰基尔和海德：19世纪英国作家罗伯特·路易斯·史蒂文森创作的长篇小说《化身博士》中的人物。书中塑造了文学史上首位双重人格形象，后来"杰基尔和海德"（Jekyll and Hyde）一词成为心理学"双重人格"的代称。——编者注

提示危险的行为清单

永久黏人型男人有以下表现：

- 强烈需要你，无法容忍你不在身边。

- 乞求、哭闹、利用你的内疚感，强迫你和他在一起，为他改变计划，不离开他。

- 以自残威胁你留下。

- 辩解说，他之所以这么黏你，是因为他太爱你，患得患失。

- 想要时刻确认你是否喜欢他。

- 想要时刻确认你是否对别的男人感兴趣,想要你承诺永远不会抛弃他。

- 贬低自己，让你鼓励他。

- 博取你的同情心，让你和他继续在一起。

- 几乎没什么亲密朋友。

- 几乎没什么需要在户外进行的兴趣爱好。

- 以受害者自居，说自己有很多挫败的经历。

- 谈过很多次失败的恋爱。

- 和母亲的关系不同寻常。

- 长时间和他待在一起会觉得窒息。

如何甄别永久黏人型男人？

刚在一起时，永久黏人型男人对你爱慕有加。他们一副忠诚坚贞的样子，颇有古代君子之风，体贴备至，彬彬有礼。他们给予你的密切关注可能是你未曾从过往恋人那里得到过的。不过，他们对你的兴趣似乎有些过了头，想要见你的次数有些过于频繁，表现出的忠诚似乎也超出了应当之分，毕竟你们还没有多么了解彼此。

在和男人交往时，"踩刹车"通常是一个不错的防御策略。尝试着慢下来，看一看这个男人作何反应。如果他因此凑得更近或者是对你的需要已经令你感到不适，一定要警惕起来！因为，相比尊重你的个人边界，他更想缓解他对被抛弃或者被拒绝的担忧。如果你已经要求给彼此留点空间，慢慢来，而他却逼得更紧，那么一定要注意这个危险信号！因为，他对你的爱慕只是在掩饰他神经质的行为。

永久黏人型的男人在过往亲密关系中失败的原因在于让伴侣觉得窒息。但在他们口中，则是因为自己从未遇到过忠贞的伴侣，屡屡被无情的女人背叛。如果你发现自己同情一个男人，或者主要是因为同情而和他交往，那么他很可能就是一个永久黏人型男人。我劝你把你的悲悯之心收起来，用它去做慈善工作吧！因为，同情绝不应该是恋爱关系的底色。

永久黏人型男人很容易抑郁和焦虑，所以一定要留意他是否表现出这样的症状。永久黏人型男人有社交恐惧的比率也非常高，这也是为什么他们不喜欢和你的朋友在一起或社交。此外，永久黏人型男人与寻求抚育型男人（详见下一章）有着类似的或者重叠的特质，这些特质使他们过分黏人、依赖人。

永久黏人型男人与他们的母亲有着非同寻常的关系。他们成年后仍与自己的母亲过于亲密，他们的母亲或者处于缺位状态，或者有着很强的控制欲。这种畸形的母子关系，不会因为你和他的亲密关系而得到修复。你绝对无法拯救永久黏人型男人。他看似对你一往情深，实则是患有精神疾病。

对付永久黏人型男人最好的方式是掌握恋爱的节奏，然后观察他的反应。女性一定不要迷失在他的爱慕之中，相反，要仔细地倾听他对亲密关系、拒绝、孤独和背叛的理解。谨记，依赖并不是爱情。

女性们的领悟

谈到和盖瑞特的感情，薇洛反思道：

"现在回过头来看，我觉得，如果你的家人中没有一个人看好他，你的朋友开始帮你分析他为什么那么需要你，那么这个男人肯定有点什么问题。那种程度的被需要，并不是证明你多么有魅力，而是因为他其实需要的不是你本人，他只是需要有人在他身边帮他排解孤独。就算我是个人形立牌，也足够让他不用面对自己。作为成年人，我们是否真的'需要'别人来让自己完整？现在听起来，这种'靠另一个人让自己变完整'的理论真的恐怖。如果一个人本身不完整，你怎么做都不可能补全他。他的残缺肯定是有原因的，但是，任何人都无法让另外一个人变成他现在根本不是的样子。

"他说了很多漂亮话，表明我是他的一切，但我还没离开两个月，他就和一个年龄比他大的女人同居了。他只是需要一个人陪在身边，逃避孤独。我当时也是充当了这个角色。我遇见他时，他正在跟前妻闹离婚，他不想面对自己，所以我填充了他的时间。

"他跟我之后的那个女友也没有维持很长时间，接着是一个非常年轻的女孩儿，但她最终也离开了他。再接下来一个患有严重慢性病的女友，可能他觉得这样的女性离开他哪儿都不敢去，但事与愿违，她也选择了离开。当初，由于被戴恩的冷淡伤了心，我被盖瑞特强烈的关爱冲昏了头。现在我明白了，太多的关注绝对是一个危险信号。"

第四章

寻求抚育型男人

寻求抚育型男人所寻求的，是一个永远缺席的亲人，也许是在他们成长过程中从未陪在身边的父亲，或者是没有温情的母亲。许许多多寻求抚育型男人，都有着复杂的成长经历，比如被他们的母亲抛弃，或与她们长期分离。但问题在于，他们总是在追寻那个永远不在场的父亲或母亲的形象。这意味着，即便有另外的人试着像母亲一样关怀他们，比如说他们正在交往的女性，但是他们少年时期的那个父亲或母亲永远都是缺席的，他们灵魂中的空洞就是那个缺位的父亲或母亲的形状，而你的形状永远无法与之完全契合。

寻求抚育型男人最显著的一个特征就是，你很快会发现他不只表现得像个孩子，他根本就是一个孩子。看清这个本质后，你还会觉得他潇洒迷人吗？

大男孩儿

他不过是一个人畜无害的大男孩儿，怎么就会伤女人的心呢？这个永远长不大的男人，为什么会被贴上不正常的标签呢？就像他的"表兄"永久黏人型男人一样，他通常不动粗，没有药物或行为成瘾的问题，不猎艳、不滥情，也没有不可告人的秘密。他唯一的问题，在于他一直在你左右，就像一个刚学会走路的幼儿一样，围着你打转。是的，他随叫随到，总是随叫随到，为你过分随叫随到。

和永久黏人型男人一样，寻求抚育型男人，对那些交往过恐怖级别更高的危险男人的女性来说，具有自然而然的吸引力。这些女性觉得，被动的男人是更安全的选择。在经历过一些"男子气概太足"的男人之后，寻求抚育型男人的忠贞令她们耳目一新。

对于这种类型的危险男人，最好从心理年龄的角度去分析他们。他们中的很多人，都没有能够成功发展出成人的人格结构，而是停留在早期发展阶段。就像第一章所说的，这种发展搁浅造成了严重的人格障碍。遇到寻求抚育型男人后，女人想立刻弄清楚他为什么会是这样的。她们为他磕磕绊绊的成长过程感到悲伤，她们想知道怎么用自己的爱来修复他对母爱的渴望。但是你要记住，病态的人是永远无法治愈的，即便这些男人只是"需要"一个母亲。

根据人格发展理论，寻求抚育型男人由于在小时候被自己的母

86

亲伤害过或者缺少母爱，想要寻找那些愿意充当母亲角色的女人。（这也适用于那些人格未能在儿童时期充分发展的男同性恋，只不过他们不是寻找女性作为伴侣，而是与她们做好朋友，把她们当作自己的母亲。）寻求抚育型男人的早期发展之所以半道停滞，原因不一而足，包括童年遭受虐待，未曾享受到父母的关爱、教养或有效陪伴，父母有成瘾行为，或者自幼患有慢性疾病。

寻求抚育型男人所寻求的，是一个永远缺席的亲人，也许是在他们成长过程中从未陪在身边的父亲，或者是没有温情的母亲。许许多多寻求抚育型男人，都有着复杂的成长经历，比如被他们的母亲抛弃，或与她们长期分离。但问题在于，他们总是在追寻那个永远不在场的父亲或母亲的形象。这意味着，即便有另外的人试着像母亲一样关怀他们，比如说他们正在交往的女性，但是他们少年时期的那个父亲或母亲永远都是缺席的，他们灵魂中的空洞就是那个缺位的父亲或母亲的形状，而你的形状永远无法与之完全契合。

寻求抚育型男人受到阻碍的、未完成的情感发展，导致他们表现得像十岁的孩子，还有一些人则像十四岁到十六岁的少年，话多而叛逆。要甄别这类病态的男人，你可以在生活中观察十岁到十六岁年龄段的男孩儿，你会看到究竟什么是幼稚的行为，并且当他向你倾诉自己的悲情往事时，你可以比照着这些观察结果，识别他的真面目。

寻求抚育型男人的自我意识薄弱，这与他们所处的心理年龄段相符。他们需要别人不断肯定他们所做的选择、决策和行动。许多人可能还契合依赖型人格障碍的症状（见附录）。尽管他们的症状与永久黏人型男人相似，但他们的动机，造成他们创伤的原因，以及他们寻找的女性类型，都有所不同。不过，对与他们产生纠葛的女人来说，结果都是一样的。就像大人鼓励一个十四岁的男孩邀请心仪的女孩去跳舞一样，你和这样的男人在一起后，就需要不断地振奋他垂落的自尊，弥补他心理上贫弱的功能。做决定时，他磨磨唧唧，即便最终拍板，也少不得仰仗你帮他权衡利弊。但至于他是否能落实自己的决定，又是另一回事。由于他的优柔寡断，他在生活里也缺乏执行能力。他的时间都花在前思后想上了——他思考、权衡、左右挑选，就是很难付诸行动。

寻求抚育型男人，仍停留在让人满足他小男孩的需求的阶段，他希望得到别人无微不至的照顾。和他在一起的女性所扮演的老妈子和保姆的角色，正中他的下怀。他努力地填补早年由于被父母忽视所造成的灵魂空洞。你照料他时，他会说自己感觉"很舒适"或"很特别"。但事实上，就算你像女服务员般悉心侍奉，也不能修复他童年遭受的创伤。

寻求抚育型男人很少参与属于成年人的事务。你会发现，他既不想、也没能力处理或者帮助你处理那些成年人的日常事务。装修房子、付账单、开车送孩子上学，任何应该由家中大人做的事情，他统统不沾。但当提到和孩子们一起运动、看动画片或在客厅模仿职业摔跤时，他比谁都积极。他对家庭生活的最大贡献就是和孩子们一起玩耍。

谢拉就嫁给了这样一位男人，她是这样说的：

"丹的心理年龄只有十三岁。我还有一个十几岁的儿子，他们俩经常一起出去玩，比如打篮球。父亲和儿子一起出去活动是好事，但丹的行为并不是那种父亲对儿子的引导。他们玩了一天，我要喊他们两人吃饭，告诫他们饭前洗手，呵斥他们不要把篮球带到饭桌上来，检查他们是否吃了维生素，问两人是否完成了自己该做的事情。到最后，我还不得不每周领走丹的工资，防止他把钱都挥霍在运动器材和音乐上——这跟我得监督儿子，防止他把钱全花在游戏上一样。丹就是我的另一个儿子，只不过我和他有肉体关系而已。"

给寻求抚育型男人分配任务则是另外一个战场。就像一个十来岁的孩子一样，他不会主动承担事务，所以你要给他分配任务，而他会跟你争执不休。尽管他喜欢让你教他做那些他不能独立完成的事情，但他仍然没有自控能力去主动承担任何责任。

你不催着、逼着、教着，他是绝不会主动去找工作、做家务、培养兴趣、结交成年男性朋友的。他几乎没有什么钟爱的业余爱好，所以他总围在你身边，就像一个死死抱着你大腿的小孩。在他对你的敦促做出响应之前，他还需要你不断地保证一切都很好。

像十来岁的孩子一样，哪怕只是喉咙疼痛，寻求抚育型男人也会卧床让人伺候。即便是一些小病小痛，他的表现也好像是自己得了什么了不得的恶疾，要人精心陪护。而且，无论是否生病，只要你没有照顾好他，他就会闹脾气。谢拉说："我儿子和我丈夫同时得了流感，接着，他们好像比赛一样，看看谁从我这里得到的照顾更多。如果他们在床上吃药，还会互相计算分数，击掌庆祝。"

作为他的伴侣，你为他负重前行，很快就会吃不消。但他却会利用之前让他失望的恋爱经历敲打你，前任对他造成的伤害，现在要全靠你来救赎。如果你是一个依赖型恋人，并坚信能用爱治愈他，那么，你就会被他吃得死死的，直至被掏空。

他们的目标女性

有些女性将寻求抚育型男人视为首选的婚恋对象，比如具有过度养育型人格的女性就会选择这样的"大男孩"。这类女性不仅有一点喜欢娇惯他人，她们通过拯救和"抚养"存在依赖心理的男人来实现自己存在的价值。这样的女性和寻求抚育型男人是共生关系，男方需要一个"母亲"，女方则需要一个"孩子"。在人生的某个节点，男人的童年需求和女人的育儿需求被扭曲了，但他们没有各自去找心理医生，而是找到了彼此，建立了情感关系。有童年受虐史的女性很可能成为这类男性的目标。这类女性可能会把自我寄托在这样的男人身上，通过"养育"一个成年男性，来弥补自己小时候求而不得的宠爱和照料。但是，通过过度宠爱伴侣来满足自己这些需求的做法，最终往往无法得到自己想要的结果。相反，女性最终只会收获又一个不爱她、不敬她的人。

有些女性把自己的职业和私人生活混在一起。从事看护照顾工作的女性，比如护士和其他医务工作者、社会工作者、教师——与其他女人相比，更可能与寻求抚育型、占有型、成瘾型、精神异常型男人或兼具几类危险属性的男人在一起。同样，经常做慈善志愿者、长期照顾家人和朋友的女性，可能对寻求抚育型男人缺少免疫力。因为，在她们看来，这些男人的需求是如此的自然和熟悉。这些女性，给"善行始于自家"这句俗语赋予了新的含义。她们从字面上理解这句话，认为这句话是要求她，用婚姻去服务或渡化那些她们在职业或慈善工作中的对象。恰恰相反，女性一定要记住：把慈善工作局限在慈善场所、医院和社会服务机构，千万不要在婚恋生活中做慈善。

想要拥有很多孩子的女性，通常会下意识地寻找寻求抚育型男人，以释放她们泛滥的母爱。但这并不是说，想要孩子、喜欢照顾老人或弱势群体的女性就是病态的养育者人格，是不正常的。我要说的是，这类女性更容易被寻求抚育型男人吸引。因为男方希望被养育、被引导、被指示、被全方位地援助，这种需求正好与女方乐于奉献、奉献、再奉献的行为模式完美契合。

奇怪的是，一些意志坚强、控制欲强的女性，也会被这类男人吸引。即便是身居高位的女性高管也不能幸免。这是因为，这类女性强者能给二人的亲密关系带来结构和掌控，这正是让寻求抚育型男人最为受用的东西。无论对方扮演的是温柔慈爱的母亲，还是霸道的女监工，只要能够帮他打理和决策他的生活，他都照单全收。

这类男性唯恐遭人抛弃，于是，一段关系终结后，他们会飞速开始一段新的关系，迫切地寻求另一个女人来照料他。他们很难独处，想要或需要一直有人陪着，只有这样他才能抵挡铺天盖地的孤独感和被抛弃感。如果一个女人不介意他此前有过多少伴侣，那么，她可能就会成为这类危险男人的目标。

作为寻求抚育型男人的伴侣，女性必须摆脱和克服自己对这类男人的责任感。这样的男人会营造一个场景，在这个场景中，女人会心甘情愿、竭尽全力地证明，她不会像他的亲生母亲那样疏离他、伤害他。这些男人利用他们的悲伤故事以及女人的心软善良，打造双重枷锁，让女人处于必败之地。为了证明自己，也为了让男人"感到被爱"，他的伴侣必须使出全身力气，持续地给他输送关心和宠爱；她自己则没有喊累的资格，也没功夫照顾自己的需求。她必须不间断地向这个受伤的"男孩"证明她的爱，这件差事一天二十四小时，全年无休。

他们为什么能得手？

寻求抚育型男人通常是顽皮和孩子气的。披着"大男孩"的外衣，初看时，他们似乎人畜无害，所以女人往往不能觉察到他们的危险。不仅如此，这类男人那种无伤大雅的手忙脚乱的样子，会让你想起自己的弟弟或哥哥，于是你又对他平添一丝怜爱。当他谈及自己不幸的原生家庭时，你又能看到他内心敏感的一面。他需要一个女人，帮他收拾房间、衣柜和生活。在你眼里，他很像你兄弟的一些哥们儿，像你儿时的邻家玩伴，本质上，不过是个在生活上笨手笨脚的大男孩而已。

这类男人喜欢女性喊他们"我的宝贝"，或评价他们"内心是个大男孩"。当你提到他们幼稚的行为举止时，他们丝毫不会觉得难堪。他们想要找的，是愿意主动领导他的女人，是做事有条理、甚至已经有孩子的女性。喜欢照顾别人的单身或离异女性尤其会被这类男人吸引。缺少母爱的女性可能不会对这类危险男人有所防备，因为他们二人会抱团控诉自己不称职的母亲。

然而，不久之后，他与女人之间的全部问题就会逐渐显露出来。他把"想感到被爱"的义务强加在对方身上，让伴侣补偿他多年以来遭受虐待或忍受孤独的创伤，并且要满足他求而不得的母爱需求，这显然是不可能完成的任务，但女性常常不清楚这一点。她披肝沥胆，鞠躬尽瘁，证明自己和他此前遇见的女人不一样，证明她真的会全心爱他。这种形态的亲密关系成了最为极端的情感绑架。

但是，他的病态需求是个填不满的无底洞。这样的男人像一个有裂缝的容器，留不住倒进去的任何东西。所有给予他的爱，都会顺着他心灵的裂缝流出。由于不停索取过度的爱，他葬送了两人的关系。爱上寻求抚育型男人的女人，最终会觉得自己无力再爱他。她对他的付出远超对她生命中的其他人，为此她感到筋疲力尽，但即便如此，对方犹嫌不足。

寻求抚育型男人卸下自担责任的担子，将绝大部分重量都转嫁到伴侣身上，让对方照顾自己的身心需求。对女人而言，这就是一份得不到任何酬劳的全职工作。

然而，要离开这类男人也非易事。对一个心胸宽广，有自己的孩子或者本身缺少母爱的女人来说，离开这个男人的感觉不亚于抛弃一个孩童。她会担心："他一个人到底要怎么办呢？"与永久黏人型男人的情况一样，你必须记住，依赖不是爱。

劳拉照顾过的寻求抚育型男人，可以排成一队；谢拉则不会在同一个地方摔倒两次，遇到一个就吸足了教训。但无论是劳拉还是谢拉，二人的经历，都提醒我们，宠爱这类男人是不会得到什么回报的。

劳拉的故事

劳拉从十几岁时就开始与寻求抚育型男人恋爱。她出身于一个中上层阶级家庭，作为家中最小的孩子，可以说是集万千宠爱于一身。她的父亲在建筑行业工作，母亲是一名社会工作者，父母为她提供了稳定优渥的生活。通过旁观母亲的工作，她学会了同情囿溺于困境中的可怜人，乐于帮助那些抑郁苦闷的失意者。但劳拉最终混淆了社会工作者这一职业与她的个人生活，开始交往一个又一个寻求抚育型男人。

高中期间，劳拉就完成了护士助理执照的培训。此后不久，与同龄女孩喜欢收集毛绒动物玩具一样，她开始热衷于"收集可怜虫"。这些男孩有着如出一辙的悲惨故事，每个都牵动着她的心。他们大多都缺少母爱——比如被年纪轻轻的母亲生下，情感需求未得到满足。他们童年的问题，在他们的灵魂上灼烧出一个像得克萨斯州那么大的洞，劳拉觉得只有她才能填补。

她的男友身世一任惨于一任：生活在寄养家庭的、母亲吸毒的、从未与父亲谋面的、被忽视的、饿着肚子睡觉的。他们本该进入心理医生的咨询室，但却进入了劳拉的生活。男人的故事越是凄惨，她越想和他们在一起。他们一个接一个来，又一个接一个走。和他们在一起时，劳拉要支付约会的各项开销，在他们失业时贴补他们的生活，甚至还试图拯救他们的一生。他们则榨取她的感情、她的金钱和她的信任。

　　劳拉的成长经历让她相信，只要她足够坚定，就能把对方"塑造"成像她这样幸福的人。于是，她带着男人接触自己的家人，心中抱着一线希望，希望对方能受到好的影响。和其他从事护理工作的女性一样，劳拉发现，作为一名持证护理工作者，与她在亲密关系中承担的"照护"角色十分契合。在生活里，她运用自己的专业技能努力照拂每一位悲伤的恋人，想让他们恢复心理健康。

　　她的初恋是一个叫作大卫的男孩子，从十几岁起就无家可归，一副骨瘦如柴、营养不良的样子。他的生父不详，他的母亲在年纪轻轻生下他后就染上了毒瘾。他曾被母亲的一个男朋友性侵，母亲也经常数周不回家。最后，他离家出走，开始流浪。很快，劳拉就来拯救他了！她的家人也都过来帮忙，她的作为社会工作者的母亲，听大卫倾诉自己的悲伤故事；她的父亲帮他介绍工作；她的姐姐则开车送他上下班。最后，大卫只想彻底躺平，像婴儿一样等着劳拉这个"妈妈"回家。

　　第二个男朋友是查尔顿。他也有一个吸毒的母亲。他从小被寄养在爷爷奶奶家。如今，他的母亲在监狱里，身染艾滋病奄奄一息。又是劳拉来救他于水深火热。在他因为母亲的事而陷入抑郁无法工作时，她来养活他。约会的账单，包括舞会和其他一切开销，都由她支付。她带着他去监狱探望他的母亲，带他与他临终的母亲道别。

接下来是詹姆斯。他的父亲在受到刑事指控后，抛妻弃子，潜逃出境。他的母亲基本上一直交替处于酗酒、吸毒或贫困失业的状态。詹姆斯也以坑蒙拐骗为生。他说他家里没有人正经工作过，他生活中就没有自食其力的榜样，所以他"不知道如何工作"。这次，劳拉又见义勇为！她租了一套公寓，打着两份工，让詹姆斯搬进来和她一起住。她要帮他"学会"工作和创造价值。劳拉的父亲和他就职业道德的话题促膝长谈。身为社工的妈妈给他们规划生活预算。但詹姆斯呢？他不是在玩电子游戏，就是和朋友出去鬼混，从未找过全职的或正经的工作。他深入歧途，犯下更多的罪行，并因此锒铛入狱。直到这时，詹姆斯和劳拉的关系才算结束。

在数年的时间里，劳拉仿佛是一个恪尽职守的搜救队队员，不停地搜救"可怜的年轻人"。所有和她交往过的男人，都很享受被她营救的过程，但劳拉却从来没有获得与"英雄"匹配的地位，也没有获得勋章奖励。

谢拉的故事

谢拉是个迷人的女人。她是一名精神科护士，打扮精致，工作能力出众。她受过良好的职业教育，而这本该能让她一眼洞穿丹的心理问题。但不知怎的，丹还是躲过了她的危险预警系统，进入了她的生活。他们结了婚，有了三个孩子。谢拉把他当作自己的第四个孩子。当她指挥孩子们排队去拿擦鼻子的湿巾、维生素和午饭盒时，丹就排在队尾。

谢拉和丹在大学相遇。彼时，她是精神科实习护士；他是英俊帅气的足球运动员。和丹在一起不久，谢拉就发现他对生活缺少规划，而且不思进取。但是他在足球上的风头盖过了他学业上的不足。在解释自己为什么在现实生活中没有任何成就时，他总是有很多借口，会说是因为把精力都花在了运动上面。很快，他的行为模式开始影响到他们的关系。丹没有上进心、优柔寡断、孩子气，并且不负责任。即便在成为了几个孩子的父亲之后，他仍然会因为"不想工作"就辞职。生活中的责任和压力，越来越多地落在了谢拉的身上。她不仅要工作，要安排孩子们和丹的活动，还要做饭、打扫卫生、支付账单。但这一切，还只是一个开头。

丹任性胡为，每当觉得厌烦或者是不想上班的时候，就索性辞职。他用本该还贷的钱购买体育器材，和孩子们一起跟谢拉作对，为一个孩子气的观点和谢拉争论，总想着暴富的门路而不是踏踏实实地工作，把积蓄都浪费在钓鱼、旅行或者给自己购买新玩具上面。

很快，谢拉就开始打两份工，接着三份——她为了保持家庭收支平衡已经疲于奔命，而丹则只管和儿子们痛快地打篮球。到了晚上，谢拉还要为丹制订详细的计划和日程安排，比如去应聘什么工作、做什么家务、外出办什么事，但是这些事情丹从来都没有做成。他找几天工作，接着就没了动静；一项家务刚做两下，就不耐烦；要外出处理杂事，就抱怨个不停。谢拉越来越累，最终她能想到的唯一办法，就是甩掉生活中的一个包袱，而她最大的包袱就是丹。当听到要失去谢拉，丹惊恐不已。毕竟，如果没有了谢拉，谁来帮他打理生活、照顾他、支持他、提醒他什么时候该做什么呢？他害怕失去生活中的一个女性楷模。

作为一名资深的寻求抚育型男人，丹很难坚守一份工作，所以经常失业。结果就是，离婚后谢拉还不得不帮他支付生活费。很快，连他们的孩子都要去帮助照顾丹。他们周末去他家的时候，要帮他清扫房间、刷洗堆积成山的污盆脏碗。因为生活上丝毫指望不上父亲，孩子们只得做兼职挣钱给自己买想要的东西。很快，连孩子们都开始觉得丹是个累赘。

丹的下一个"战利品"是一位小学老师。她重蹈谢拉的覆辙，无视丹的低功能，很快就与他走入了婚姻。靠着她挣来的薪水，两人过了几年日子，直至她也不堪重负。事已至此，丹最担忧的仍然只是谁来照顾他，如果他的第二任老婆也弃他而去，谁来补缺当他的"妈妈"？

提示危险的行为清单

寻求抚育型男人的表现：

- 需要人不断安抚。

- 想要被人服侍，拒绝做一些基本的事情。

- 不帮忙做成年人该承担的家务。

- 想要被特殊对待，因为他的需求很高。

- 得不到照顾就生气。

- 告诉你他想要你照顾他，因为这样会有幸福感。

- 想要你告诉他做什么并指导他怎么做。

- 想让你为他的生活做决策。

- 不具备也不想要建立和维持外部的人际关系、友谊或兴趣爱好。

- 有着幼稚的情感需求。

- 故意失败以逃避承担责任。

- 在曾经的亲密关系中，扮演了被救援、被抚养或被保护的角色。

- 可能有过几段失败的恋爱或婚姻。

- 似乎在生活的各个方面都需要有人引导。

如何甄别寻求抚育型男人？

要想绕开这类男人，你首先需要好好检视自己。是你自己身上的哪个特质，促使你把病态的大男孩，当作可恋可婚的良伴？这类男人附人、仰人的依赖心，不禁风雨的羸弱，是什么吸引了你、触动了你、点燃了你的情欲？用这些问题拷问自己，可以掘出你隐秘的心理动机。

明面上看，女性和寻求抚育型男人之间的关系，是女人对一个孩童般男人的绝对掌控。但仔细审视之下，二者实际上互相钳制，女人用母亲般的付出控制男人，男人则用儿子般的低功能控制女人。两人互相制约，你拉我拽，只是一方用明，一方用暗。无论是哪一方的行为表现，都不应该出现在一段健康关系中。

寻求抚育型男人对无父或无母一事，有种无法衰减的恐惧，为了逃避这种恐惧，他需要找到一个母亲的角色，指导他，关爱、照顾他。惟有在这样的照料之中，他才能找到自我定位。

那些分不清扶助关系与亲密关系的女性，往往难以抵挡这类男人。因为帮扶弱小能给予她们一种力量感。所以，如果一个男人总是像一个受害者或者举止幼稚，这就是危险的信号。这类男人有着累累伤心事，又对母爱有着强烈需求，但是，你要记住，这是他的问题，你没有治愈他的责任。

曾在过去的婚恋关系中被"养育"或"保护"的男人，最有可能是寻求抚育型男人。如果一个男人，在与别的女性交往的历史中，没有承担起与其年龄相符的责任、没有工作或活得没个成年人的样子，他的社会功能可能已经高度退化，这样的人也不具备成长和改变的能力。寻求抚育型男人无法调节他们的内驱力，心里茫然一片混沌，外部生活一团乱麻。

聪明的女性可以设置巧妙的问题，通过他的答案洞察他在生活、工作和亲密关系中的功能水平。当然，你也可以从旁人的嘴巴里知道一二。当你考虑和一个男人确定关系时，一定要留意别人对这个男人的评价，即便这些评价是他的前女友给出的。为了找寻一个妥帖的"保姆"，寻求抚育型男人会从一段关系跳到另外一段关系。所以，你最好详细了解他此前的恋爱经历。他的两段关系之间的空窗期是多久？曾经谈过几任女友？听一听他对于关系结束的解释，从他的叙述中寻找线索，猜测他的前女友之所以离开他，是不是因为他孩子般的幼稚需求令她们无法忍受？是不是对他事无巨细的照顾令她们喘不过气？毕竟，通常他会把女人的离开理解成将他抛弃。

当然，最关键的是判断他的功能水平。寻求抚育型男人更可能有抑郁、焦虑或适应不良这些障碍。他们还可能会表现出边缘型人格障碍这种精神疾病的症状。另外，如果男人儿童时期就患有慢性疾病或者有分离焦虑，那么他也有可能发展为依赖型人格障碍，这种障碍也是一种慢性精神疾病（详见附录）。

另外，长期成就低下也是一种表现。这类男人并不蠢，只是他们的实际功能水平远低于他们的潜力。所以当你发现一个男人的智商、内驱力和潜力并不匹配时，一定要睁大眼睛。因为，如果他动力不足，你就会忍不住消耗自己的生命力去鼓励他——在生活的各个方面。寻求抚育型男人的成长过程缺少管教，他们的父母可能从来不给他们划定任何边界，他们的家庭氛围松懈散漫，这不是因为他们有松弛的父母，而是因为他们的父母压根儿就未尽家长的责任，不参与他的成长。所有这些，都会造成他的成年生活缺少规矩条理。

在日常决策方面，寻求抚育型男人也总是缺乏安全感，因为在儿童时期，他从来没有接受过来自成年人的指导。以至于成年后，他也不知道该怎么做。他的社交能力不足，工作动力低下，几乎没有创建和维护成年人关系的能力，并且完全不具备养育子女的本事。

最后，还有一点，绝大多数"正常"的男人都会讨厌别人改造他们，但寻求抚育型男人则期盼着别人来改造他们。当别人对他指手画脚，想要改变他时，他丝毫不介意，甚至还鼓励对方，并表现出感激之情。当然，这种改造注定是徒劳的。大多数人都会抗拒他人的改造，但是寻求抚育型男人则乐意接受自己能得到的一切帮助。因为他不把自己当成一个成年人、一个父亲，或者一个养家的人；他的生命中缺少这样的角色，他需要别的成年人给他指引。所以，当有人想要改变他而他没有抗拒时，这就是一个明显的信号。如果你心里也有想改变他的愿望，就意味着你们两人之间存在着依赖共生。依赖共生不是心理成熟的标志——对他来说是这样，对你来说也是如此。

女性们的领悟

劳拉一直困惑：

"我自己到底有什么毛病，才会不停被这类男人吸引呢？这个问题我一定要弄清楚。为什么我的生命中，接二连三地出现这种幼稚型男人？现在我已经能从开头看到结果。在我们刚认识的时候，我就能感受到他们对我的依赖，但是我并没有望而却步，我的心里似乎有一个想法在驱动着我，让我觉得可以用爱让他成为一个属于我的、了不起的人。当然，我内心深处知道这是不可能的。但是看到那个没有享受过父母关爱的可怜男孩时，我就忍不住心软，然后我很快就会想要帮他打理生活，帮助他真正长大成人。当然，他永远不可能真的长大。我想说的是，这些人身上有些东西永远不会成长。我经历了这么多男人，才领悟到了这一点——只不过领悟的过程慢了点。过去的种种，已经让我在情感上疲惫不堪，我希望自己是真的懂了。我不知道我还要遇到多少这一类型的男人。如果我想要一个孩子，为什么不自己生一个呢？"

谢拉说：

"从这类男人的表面，很多女人都看不出他们有什么危险性，但是我要告诉你，他们会让你付出惨痛的代价。丹在大学里就表现不佳，我当时就应该注意到这一点。他总是游手好闲，他在此之前的整个人生一直都是这个样子。如果没有我，他根本不会有自己的房子、车子，也不会去工作，更不会有任何一丁点的成年人生活。

"很多女人没有意识到，这样的男人就像吸血虫一样，他们能够把你的生命吸干，他们会耗尽你生活中的所有资源：你的情感、金钱、精神、朋友，甚至你的事业，一切的一切。他们想要占据你全部的生活，但自己则心安理得地一直做一个十来岁的孩子。我就是嫁给了这样长着大人模样的男孩，在与他的婚姻中耗费了数年时光。直到某一天，和他进行肉体接触都让我觉得是在'乱伦'，因为我感觉自己是他妈！那个时候，我就知道我们的关系已经完全不正常了。"

第五章

心不在焉型男人

绝大多数心不在焉型男人，只是想跟你发生性关系。一个不变的事实是，他们的心被除你之外的事物占据。这些男人完全明白这一点，可是很多女性往往看不清。于是女性会越来越期待、一直在等待这个男人有一天真正与自己产生情感联结、对自己做出承诺。但是正如心不在焉的字面意思，这类男人既不期待也不想要——甚至不知道怎样去期待与他人建立深度的情感联结。也许正是因为女性的步步紧逼，他才要不停地更换或者增加伴侣。他完全不愿意与他人维系深度感情，同时也不能体会与他人维系深度感情是什么样的。

"成年人之间，来一点刺激的婚外恋，何伤大雅？" "一个追求自己爱好的男人，怎么可能会伤害你？" 如果你是这么想的，往下读一读，你会看到，你的姐妹们正排队告诉你，为什么这种男人是高危选项。

"别给我打电话，有事我找你"

在众多危险男人的类型中，这种男人无疑是最抢手的。因为相比本书描述的其他男人，他们的危害性在女性眼里更加隐蔽。女人经常认为，"危险"一词只适用于描述那些暴力或有虐待倾向的男人，但实际上，那些不能给予女性情感陪伴的男人，给女性带来的伤害也非常大。与大多数其他类型的危险男人相比，因这类男人的伤害而去寻求心理咨询的女性更多。即便如此，很多女性仍然无视他们的危险，看不清他们的本质，不知道他们可能是自己幸福的终结者！

这类男人之所以不应该被纳入婚恋对象的考虑范围，是因为他总是心在别处，即便表面上看也是如此。他的注意力都倾注在他的事业、学业、爱好上面，或者他已经结婚、订婚，有正牌女友，或者还与别的女人拉扯不清。不论是什么原因，他就是没有为你预留情感能量，而且可能永远都不会有。

其中一类心不在焉型男人，将他的大部分时间和精力都投到事业、工作、学业或者爱好上——当然有的兼而有之。这类男人的主要问题在于，他们的多数时间和精力都花费在他们认为比婚恋或家庭更有意思或更重要的事上。他可能是一个心无旁骛的事业"卷王"，眼里只有工作，与你相比，他的下一次职业升迁才更重要。也许他一边求学一边同时打两份工，也许他正在努力考飞机驾驶执照或空手道黑带，或者想要环游全世界；他可能热衷于跑步、集邮或者露营，沉迷于飞钓、计算机或者攀岩。

他没有老婆或女朋友，并且也不想有（哪怕他嘴上说想要）。因为他的一颗心都扑在自己的爱好上了，在他心里，约会、恋爱、经营感情都只能退而次之。他当然也会顺便到你家过个夜，但是很快他就会投入到那些自己真正感兴趣的事情上。每个月，在会议、工作安排或者是参加比赛的空隙，他可能会给你挤出时间见上一两次面，但他的金钱、时间、假期以及他的情感高地，都留给了其他爱好。他可能会信誓旦旦地告诉你，只要训练季结束或是手头的事情忙完，就会有更多的时间留给你；也许，他会坦诚地告诉你他有别的追求，所以不会和你认真经营一段关系。但即便如此，他也要把你的人、你的心都困在一段如友谊般的或者是"随便"的关系中，让你腾不出心里的空间，寻找其他真正能给予你情感陪伴的人。

这就像是你和兰斯·阿姆斯特朗[1]这样的人谈恋爱时遇到的困境，你永远排在他的热爱之后。另外，那些有狂热爱好的人，通常不止拥有一个爱好，他们的爱好往往多样而广泛，永远占用着他们的精力。我并不是说，对自己的事业或爱好充满热情是一个男人的减分项。一个人，无论男女，对热爱的事物充满热情都是积极和健康的事情。但是你要明白，这个世界上还有很多忙于事业、兴趣广泛的男人既有着成功繁忙的事业和兴趣追求，又能投入时间和精力经营好亲密

---

[1] 兰斯·阿姆斯特朗（Lance Armstrong）：美国职业自行车运动员。曾 7 次蝉联环法自行车赛总冠军。2012 年因兴奋剂问题被剥夺大部分荣誉。——编者注

关系。我在这里说的是，这世上就是存在一类男人长久不愿意进入一段长期严肃的关系。他们总有一个或一万个理由，向你解释他们为什么不能够"把你放在心上"。给出这样解释的男人，就完全符合心不在焉型男人的定义。和这种男人在一起的危险之处在于，女人会因为渴望并追求与他产生真正的情感联结，无可避免地陷入难过、绝望和心碎的情绪。不幸的是，你们是目标不一致的两路人。

另一种心不在焉型男人，他们之所以不能付出情感，是因为他已经和别的女人，而且可能不止一个，在保持着亲密关系。这些男人永远不会真正忠于一个人。在他们眼里，没有什么关系是必须要持久存在的，包括婚姻——即便他们嘴上对枕边人说着自己会多么忠诚。本质上他们并不看重亲密关系，不把它当回事儿，他们只是抱着玩乐游戏的态度来对待，尽管婚姻可不是什么儿戏。他们如此轻佻浮浪的态度，也许是因为在某种层面上——也可能是潜意识里，他们自信即便当下这段关系告吹，他们还能找到别的人。不然，还能有什么原因，能让一个男人把自己的未来生活当成骰子一样丢来丢去，完全不在意后果呢？

无论是哪一种类型的心不在焉型男人，女人都会一厢情愿地认为，他愿意和自己进入亲密关系，愿意对自己付出情感、愿意投入、愿意对自己做出承诺。但实际上，绝大多数心不在焉型男人，只是想跟你发生性关系。一个不变的事实是，他们的心被除你之外的事物占据。这些男人完全明白这一点，可是很多女性往往看不清。于是女性会越来越期待、一直在等待这个男人有一天真正与自己产生情感联结、对自己做出承诺。但是正如心不在焉的字面意思，这类男人既不期待也不想要——甚至不知道怎样去期待与他人建立深度的情感联结。也许正是因为女性的步步紧逼，他才要不停地更换或者增加伴侣。他完全不愿意与他人维系深度感情，同时也不能体会与他人维系深度感情是什么样的。

拥有这种心理的男性，不愿意接受真挚的、深度的亲密关系，所以和这样的男人在一起，你们的关系只能浮于表面。他可能会说一些甜言蜜语，但是他表达不出真正的亲密感受。一段健康的亲密关系起始于情感的触发，但是两人一开始感受到的这种联结，只是建立亲密关系的第一步。真正的亲密关系需要持久的、双向的努力，才能得到巩固和深化，而这必定离不开积年累月的沉淀，双方同甘共苦的经历，彼此之间的关爱和坦诚相待建立起来的信任。心不在焉型男人的危险在于他们并不能给予你真诚的情感反馈，在情感上他们采取逃避的态度。

对一个不忠的男人来说，尽管他同时脚踏数只船，但他却不想要维持这些关系。这也意味着，无论哪个女人发现了他的不忠并与他决裂，他都不会有所触动，即便他哀求对方留下，告诉她她是自己最爱的女人。他单纯就是不知道，如何彻底改变自己处理亲密关系的方法。他没有能力践行忠贞的亲密关系，并且也缺少发展其他严肃关系的能力。

有些女性流连于一个又一个已婚男，或者是不能为她付出真心的男人。虽然她们扯谎说自己和这些男人在一起只是为了"取乐"，她们自己也只是"随便玩玩"，但是根据女性恋爱心理学和社会学的研究，很多女性不过是在自欺欺人。也许是为了合理化自己插足别人婚恋的不道德行为，一些女性更愿意说自己只是为了玩玩，而不愿意承认，她们不过是在反复破坏自己对亲密关系的深层渴望。

　　心不在焉型男人可能有着各种各样的人生故事。也许在他的童年，他的父亲由于酗酒、是个工作狂或者其他嗜好无法给他提供有温度的情感陪伴。也许在童年遭受的身体虐待或性虐待已经使他情感麻木，他刻意将自己与人类的温暖、互动和信任隔开。也许在他年幼的时候，周围的环境让他觉得自己不被重视，或者婚姻是毫无价值的。也许他的父亲或者他的继父，多次对他的母亲不忠。

　　有些男人可能还有隐秘的性取向，并因此备受煎熬。这种心理冲突，也会削弱他想和伴侣产生情感联结的渴望。有些男人是性成瘾者，他们不断地更换伴侣，追逐浅薄的关系。也许他的性瘾表现为长期强迫性地浏览淫秽作品，这种行为会削弱一个男人的正常情感反应。也许他存在其他心理问题，使他想逃避亲密关系。

　　此处只是稍举几个例子。至于他为什么不愿意投入到亲密关系之中，原因可能还有很多。和其他类型的危险男人一样，他也可能有着不幸的过去，有着如今无法付出情感的现在。他甚至可能非常有自知之明，已经察觉出自己的问题。比如他可能会说"小时候，我的母亲酗酒，所以我当时的日子很不好过。因此，我很难相信女人"，或诸如此类的追因溯源。但是，我要再次强调：你要记住，他敷衍态度背后的原因并不重要，重要的是你知道他是这样的人后，你应该怎么做。

　　无论是什么原因造成了他现在的样子，这类男人在现实生活中都很难保持对婚姻的忠诚，承担抚养孩子的责任，或者是任何其他需要持之以恒、信守承诺的事情。另外，你要警惕，这种类型的男人还同时具有情感捕食型男人的特征。他可能会以一个慈爱父亲、深情丈夫或者是一个正直市民的形象接近你。你还要谨记第一章中的提醒：很多危险男人都是多种类型的组合。另外，永远不要放弃怀疑，心不在焉型男人很可能有好几种隐藏人生（如果他在和你进行秘密的婚外情，情况一定如此），同时，他也很可能是一个情感捕食者。某些类型组合，如心不在焉型，加上对你或他的老婆或女朋友所隐瞒的另一面，再加上情感捕食者的敏锐嗅觉，再加上性成瘾，很容易让这些不正常的男人获得一段又一段肤浅的感情。

他们的目标女性

追求外部兴趣的男人，无论这兴趣是业余爱好、事业还是教育经历，喜欢同样拥有外部兴趣的女性。他们可能认为这样的女性能够理解自己对这些热爱的"全情投入"，尽管实际上她们根本不能也不想理解。很多男运动员会选择和女运动员交往。这种感情要修成正果，必须满足一个条件，那就是双方对外部兴趣的投入是平衡的，也就是说，没有任何一方过于沉溺于自己的这些热爱。但是心不在焉型男人根本不明白"平衡"意味着什么。无论他们热爱的东西是什么，都免不了走向极端。

另外，一些沉迷于工作或爱好的男人，喜欢选择没有自己生活的女性。他们的逻辑是，这类女性可以通过男人的活动，间接感受生命的精彩。他希望女性向别人炫耀说"我的男朋友喜欢跳伞"，但她自己的生活则只有上班、宅家、躺沙发。另外一些男人则和很多类型的危险男人一样，喜欢包容度高、乖巧听话的女生。他们希望女性不要给他们捣乱，能完全接受他们现在的样子，不要索取更多。对于女性偶尔的抱怨，他会像这样回击："你从一开始就知道，我每个周末都要出去赛车。"

对那种脚踏几只船的男人来说，女性愿意用情才是最主要的。毕竟如果没有愿意插足的第三者，就不会有出轨这回事儿。由于他想要的不是长期的亲密关系，所以"风暴之中的每个港湾"，也就是说，任何一个能让他逃避现实的女人都可以。

除了要看女性是否愿意用情，还要看她们是否愿意打破自己的情感标准、性标准和伦理标准。美国社会所推崇的伦理体系，不允许女性和已婚男恋爱或发展性关系。出轨的男人是深知这一点的。因此，他面临的挑战就是如何找到那些有胆识质疑这些观念、挣脱伦理束缚，愿意和自己追逐不道德欢愉的女人。

哪些女性会否认自己的道德标准呢？被已婚或已经订婚的男人所吸引的女性，大部分本身都身处不幸的关系之中。因为她们觉得与已婚男人交往非常"安全"，同在一条贼船，双方都能够保密。还有一些女性，她们受过情伤，因此宣称自己"不再相信爱情"，只是在寻欢作乐。她们说自己不想要真正严肃的关系，所以就找一个不会认真对待自己的男人。还有一些女性自尊过低，觉得自己只配"和别的女人共享男人"。还有一些女性遭受长久的虐待，根本无法想象拥有一段滋养自己的健康感情。这些女性都乐意接受这些"兼职伴侣"。有意思的是，如果你去问她们，她们大多都会说自己"不想和已婚男扯上关系"，但她们在行为上，却仍然无视自己的危险预警信号，肆意践踏自己的道德观。每多经历一个已婚男，女人就越容易和下一个男人随便开展一段敷衍无果的恋情。

一些情场浪子喜欢容易轻信的女性，因为她们会相信他们对家庭生活的描述。他们不会告诉女性自己的家庭生活多么幸福美满、与妻子多么恩爱，而他们现在多么想要不需要负责的婚外情。相反，他们的话术是这样的："没有女人真正爱我，包括我老婆，她一直唠叨个不停……贬低我……花钱大手大脚……背叛我……不思进取……不愿意工作……放任自己……性冷淡……不听我讲话也不爱理我……"或者，还有一个最经典也是最好用的说辞："我们的婚姻实际上几年前就名存实亡了——就差走法律程序了。"

不幸的是，很多女性都会上这样的钩。她们真的相信，这些问题就是这些男人的全部问题。她们确信自己能给他其他女人"从没给过的东西"，能够让他"终于感到被深爱、被倾听、被欣赏"。她们相信，一旦能让男人感受到自己的爱，他就会浪子回头，不再拈花惹草。自己可以改变这个男人。这些女性相信只要男人把注意力转向自己，就会离开他的妻子奔向自己。她们不知道，心不在焉型男人的注意力是转瞬即逝的，他想要的绝不是"从一而终的爱"，而是一时的欲望满足、寻欢作乐、消愁解闷。直到某个时候，这些女性可能才会明白，这个男人和自己在床上缠绵了二十分钟并不意味着他愿意和自己厮守一辈子。

那些出轨的男人，还愿意找想法稚嫩的女性，或者声称自己对感情"没有期待"的女性。他们希望女性足够幼稚，这样当他说她是自己"唯一的女人"时，她能够傻傻相信。但其实，他们说的唯一是指当时当下的唯一，不是自己的长期数据。心不在焉型男人永远不会改变。那些从第三者成功上位、与他们走进婚姻并从一而终的女人是极个别的。即便这些凤毛麟角的婚姻看似成功，也并不意味着这个男人结婚之后就老实了。

面对那些标榜自己"不求天长地久"的女性，情场浪子喜不自胜，因为这样的女人正好表达出了他对于亲密关系的核心观念。但是既然你一开始这么说了，就不要中途后悔。你不能一开始告诉他你不求真心，走到一半又想套牢他，想和他发展一段认真的亲密关系。他的病态价值观只会让他这么回答："一开始你就知道我是什么人，不会对你从一而终，现在又要把我架到一个高标准上，没这么干的！"

他们为什么能得手？

那些醉心于工作或者其他爱好的男人，之所以对女性有着非常大的吸引力，是因为他们初看之下人格完满。他们不去夜店沉溺于酒色、生活充实、爱好广泛。那些厌倦了日常琐事，觉得自己的生活乏善可陈的女性，会觉得这类男人非常有趣。每天他都会分享一些激动人心的事情，比如他最近攀爬了哪座山，这次长跑又如何刷新了自己的历史纪录。也许他喜欢追求刺激，喜欢参加诸如赛车、蹦极或者乘热气球这样的运动。更妙的是，仅仅听着他讲述这些经历，你就能感觉到肾上腺素飙升。我遇到过一些来找我咨询的女性，她们在讲述自己男朋友做的事时，细节详尽得宛如亲历，但她们中有些人甚至从来都没有陪男朋友参与过一次这些活动。如果你的交往对象所过的生活，听起来比你的精彩、有趣得多，这就是一个危险信号，因为这可能意味着，你渴望通过别人的成就体验丰富多彩的生活，以逃避现实。

女性之所以被这种忙个不停、不滥用药物、不酗酒的男人吸引，也是因为在当今这个时代和环境中，似乎人人都或多或少有成瘾问题。有些女性可能会问："喜欢打篮球有什么错呢？至少他没有去酒吧醉生梦死。"女性之所以对这类男人不设防，是因为在当今这种充斥着各种奇葩生活方式的多元文化中，这类男人对事业或者爱好的狂热追求，至少看起来人畜无害。

对于那些已婚已恋的非单身男人，不能考虑他们的原因显而易见。但可悲的是，相比其他类型的危险男人，受到这种男人伤害的女性数量反而更多——而且她们常常是明知故犯。这也意味着，这些男人之所以能够得手，是因为有些女性心甘情愿。在此，我们可以实事求是地说，没有受害者，只有志愿者。

心不在焉型男人可能看起来非常迷人。如果他同时在交往其他人或者已婚，那么无论你是否知情，他的生活可能都会表现得积极向上。讽刺的是，这种积极向上的精神状态使得这个男人看起来是个大忙人，这一点恰恰会牢牢抓住女人的注意力。他表现得能量充沛，有着丰富的外部兴趣。

一个情场浪子在谈起自己过往的情感经历时，可能会滔滔不绝，而女性在听到这些涉及男人隐私的信息时，会把对方的分享误认作情感上的亲密，相信他对过去感情的描述，却不明白这不过是他的一面之词。他深知女人的心理，知道寂寞、悲伤的恋爱故事会激起女性的同情心，所以他经常会使用一类话术，比如"现在不太开心""想要逃离这段感情""我们彼此已经达成过共识，可以各找各的"或者"我和她分开是迟早的事"。但事实是，他们目前的关系并未终结。只要那个女人还在他的生活中，他仍然会和她纠缠不清，同时又会和你在一起，甚至还会勾搭你的朋友。这类男人之所以总能得手，是因为他能找到的那些女性相信：如果一个男人和一个女人在一起"不开心"，他们的关系就已经不存在了，他就相当于是自由身了。

这类男人成功的另一个原因，就是那些本身就处于一段不幸关系中的女性更容易被他们吸引。这些女性对自己的情感生活不满，但她们却不主动与伴侣分开，给彼此自由；相反，她们会搭上别的男人，用出轨来解决目前的情感危机。尽管眼前的恋爱或婚姻已经摇摇欲坠，她们却会再增加一段注定倒塌的新恋情。无论什么样的恋爱或者婚姻，在危机当中再遭受背叛的重创，几乎一定会分崩离析。因此，接受一个心不在焉型男人，不仅会破坏你现在的婚恋关系，也会连累你自己和你的未来。

凯拉在谈到自己的婚外情时这样说道：

"对我来说，那时是和他发展婚外情的完美时机，因为我已婚，有两个孩子，而他也是已婚，并且即将当爸爸。为了消除良心的不安，我告诉自己，反正我们几年前就曾经在一起过，只不过一直没有合适的机会更进一步。现在机会来了，因为我们两个都已被困在婚姻的围城里，并且丝毫不用担心会被任何一方暴露这段婚外情，因为谁也不想离婚。如果我们两个人有一个人是单身，那么单身的那一个永远有可能会爱上对方、想要占有对方或者是挑衅对方的伴侣。我希望我们的感情和其他的婚外情不一样，但是我心里知道，本质上是一样的，结果也不会有任何不同。我对未来没有期待，只想享受当下。"

凯拉盘算错了：心不在焉型男人之所以不害怕失去正式的亲密关系，是因为他在正式的恋爱和婚姻关系中也只投入了少量情感。你要指望这类男人保密，简直是可笑。如果你让他感受到了压力，

他可能就会为了摆脱你而公开你们的关系，即便是以失去现在的婚姻或者恋爱为代价。毕竟，他总是能够找到愿意和他交往的人。他就是这么一路过来的。

有意思的是，几乎所有与心不在焉型男人有过瓜葛的女性，在讲到与他们的故事时，都说自己当时的自尊水平很低。虽然事发时糊涂，但事过回味，就能看清楚，自己当时正处于一段长期的自尊低谷期，或者正在从一段摧毁自己自尊的关系（比如遭受殴打或者离婚）中抽身。在自尊低谷时，人的容忍度会比自尊处于正常水平时高很多，因为自尊水平低的女性会认为自己不值得拥有一个完整的、令自己满意的、健康的关系。如果这个时候一个男人给予这个低自尊的女人一丁点关注，如果他承诺会真心爱她、会为了她离婚或与女友分手，把过去翻篇儿、忘记某个女人、结束繁忙的日程安排或者戒掉某个嗜好，低自尊的女性通常就会欢欢喜喜地投入他的怀抱。然而不幸的是，他承诺的一切永远都不会兑现。太多女性都有过类似经历。

另外还有一些女性，她们认为和一个已婚男人或者已经有女朋友的男人偷情，是一种对赌。她们觉得，如果能从别的女人手中把他抢过来，那就意味着他们是"命中注定要在一起的"，甚至会因此获得一种胜利感。女性在插足别人的婚恋时，往往不敢承认她们的真实行为、动机，不愿意承认由此必然产生的后果。如果没有成功把他抢过来，那么这也不是她的错。因为他已经身有所属，也没有真的做好心理和情感准备和她开始。但真正的问题是：他不是没有做好准备，而是根本就不打算做这种准备。

最后，有些女性沉醉于狗血的肥皂剧，会觉得和这种男人偷欢

117

格外刺激，这也是心不在焉型男人能够吸引她们的原因。对于那些感到无聊，想"反叛社会规则"的女性，出轨已婚男可以有力地挑衅她们从小到大所接受的价值观。

一些为本书分享了自己人生故事的女性告诉我，她们从小到大，身边的男性大多都是心不在焉型的男人，包括父亲、兄弟、前男友和丈夫。她们终其一生都被这些男人围绕，所以当他们的一个新同类走入这些女性的成年生活时，很多女性根本就看不出异常，觉得他们不过是自己过往人生中出现过的那些人物的复本。

没什么比《心碎旅馆》[1]里描写的更让人心碎的故事了，尤其当你知道自己还避无可避。下面几位女性分享了她们的伤心往事，希望能让你引以为鉴。

杰米的故事

杰米是一名中年女性，从事平面设计工作，她曾经结过两次婚，但是两任丈夫都婚内出轨，两个男人都具有情感捕食型男人的特质（关于情感捕食型男人的详细介绍见第十章）。杰米高中毕业后嫁给了第一任丈夫，但男方婚后很快就有了外遇，这让她的自尊心大受打击。离婚后，杰米觉得上一段婚姻只是一个意外，下次会不一样。可惜并不是。她的第二任丈夫同样也在婚后不久就背叛了杰米。这一次，杰米没有果断离婚，而是尝试努力挽回。

杰米知道嫁给一个出轨的心不在焉型男人是多么难受。也许有人会觉得，杰米自己承受过被伴侣背叛的痛苦，所以她永远不会去做第三者伤害别的女人；有人会觉得对于其他已婚女性，杰米自然会共情，但杰米却说："我厌倦了这种感情循环。在挑选男人方面，我一塌糊涂，跟睁眼瞎一样。如果你像我一样对男人不抱希望，那

---

[1]《心碎旅馆》（Heartbreak Hotel）：1998 年惠特妮·休斯顿唱过的一首苦情歌。——编者注

么就会开始摆烂。你会慢慢降低标准，并且很快把你曾经作为妻子所承受的痛苦，施加给别人的妻子。"

杰米将自己的目光从情感捕食型男人转向了心不在焉型男人。第二次婚姻失败后，杰米开始明知故犯地交往了两个有妇之夫。和第一个男人刚开始是作为朋友相处的。当时的杰米处境很糟，这个男人主动帮她摆脱了困境。从那时开始，两人就开始了不正当的关系，尽管杰米怀疑这个人一开始可能就是怀着这样的目的才帮助了她。她说："和已婚男人做朋友是危险的，事情往往会变了味"。很快，因为和这个男人在一起，她的处境变得更加糟糕。杰米说："我不敢相信我在做这件事，这让我很有罪恶感，我的的确确插足了别人的婚姻。"

第二次是和一个已婚男人网恋，两人一见如故，有着相同的爱好。这个男人似乎能够给杰米提供她认为自己需要的一切。一开始，他没有告诉杰米自己已婚。杰米当时不清楚，网恋是世界上最不靠谱的约会方式，因为你没有办法亲自验证对方话语的真伪，也看不到对方的肢体语言。这个时候，你的危险预警系统很难起作用，你没有办法通过你的生理感官系统捕捉不对劲儿的信息。网恋靠的是双方的幻想，在网恋的互动中，人们想象的东西超越了当下的现实，甚至超出了未来的可能。

杰米很快就发现了对方已婚的事实，可这时她已经深陷其中，情难自禁了。为了合理化两个人的纠葛，她说自己才是那个更像对方妻子的女人。她告诉自己，她和这个男人的感情比他与自己合法妻子的感情更紧密。她骗自己说自己和那个男人的妻子不过是各取所需：他的妻子得到的是钱财和名分，而作为情人的她得到的是男人的"感情、时间和人"。可笑的是，构成他们情感关系的不过是一封封电子邮件和一篇篇聊天记录。

这个男人多次向她求婚，却不着手离婚。而杰米竟也不认为这是滑稽的闹剧。男人已有一个妻子，还想要第二个，同时又不想与第一个离婚。他这么做，就好像在杰米面前悬挂了一根胡萝卜，吊着她，而他自己却不采取任何实际的行动结束不幸福的婚姻。这是这类危险男人经常使用的招数。他的这种"我不幸福但不离婚"的状态可能会持续很多年。

杰米最终认清了现实，结束了这场畸形的恋爱。她说："我开始憎恶他的妻子每晚、每个周末、每个假日都霸占着他。他一直承诺离婚，却不兑现，我终于还是崩溃了。最开始，我觉得我和他妻子能从他身上各取所需，但显然这不过是自欺欺人，因为我已经开始憎恨他们两人，还有我们的关系。虽然我不想承认，但事实上，我就是想要更多。"

杰米说，她之所以连续两次插足别人的婚姻，并非是因为无知、缺少安全感，也不仅仅是为了寻欢作乐。她说：

"我之所以接受这些已婚男人，不是因为我不知道偷情意味着什么。我知道这些男人不会将我从目前的生活中拯救出来，虽然我的确对个别人寄予了更多的期待。我需要的不只是肉体之欢。我之所以陷进去，是因为在那些偷情的片刻柔情里，我能感到有人重视我、爱我，他们欣赏我，认为我漂亮又美好，而我从未这样看待过自己。当然，这些甜蜜的话只是他们逢场作戏而已。如果我真的那么美好，他们为什么不娶我呢？"

蒂娜的故事

蒂娜也经历过不止一个心不在焉型男人。蒂娜正在攻读硕士学位，她的上一任男朋友是个工作狂，以事业为天。当一个男人放弃你回到他妻子身边，你当然会心碎；但是一个男人为了事业放弃你，你也同样会感到痛苦。毕竟，心不在焉型男人，归根结底就是指在你生活中总是处于缺席状态的男人。

蒂娜现在对自己和自己的择偶模式已经有了一定的认识。不过，她的上一段恋情并不是她第一次被这种危险男人吸引。她过去就遇到过不少心不在焉的单身汉。

蒂娜说：

"我从小没有爸爸，他为了逃避抚养我的义务，躲得远远的。他的这种做法让我非常受伤。所以我发誓要永远保护自己和自己的心，于是我只选择那些我觉得是安全的男人。在我眼里，如果他们的处境使他们不想或者不能靠近我，并且最终可能会离开我，我反而会觉得他们是安全的。

"随着我逐渐长大，我开始疑惑，为什么我会痴迷于同一种类型的男人：老男人，已婚已恋的男人，生活在异地的男人，一心追求升迁的事业型男人，或者是刚从医学院毕业没有时间谈恋爱的学生。

"另一方面，我仍然故意挑选那些我知道根本不会陪我或者没有时间陪我的男人，以这样的方式来折磨自己。我一直坚持这样做，因为我幻想着从他们身上得到我父亲从未给予过我的那种感觉——'我很重要'的感觉。我在这些男人身上安放了我对父亲的期待。

我希望那些繁忙的男人能够把我放在他们的事业之上、工作之上或者是学业之上，哪怕一次也好。我希望这茫茫宇宙中能有一个人靠近我，让我成为他生活中不可或缺的一部分；我希望能有个人放弃他最重要的东西而走向我。

"这听起来像是胡说八道。不出意料，我的期待落了空。一次又一次，我选择的男人都转身离开，他们背叛我、抛弃我，回到他们的女朋友或者妻子身边，或者找一份更加繁忙的工作、学习更多的课程，而我则两手空空，一无所获。

"我想我也算验证了最初的设想——最终，我所选择的所有人，都没能给我梦寐以求的爱。"

乔娜琳的故事

乔娜琳是一个中年非洲裔美国女人，她是一名杂志专栏作者。当我向她了解心不在焉型男人时，她回复我的态度轻率又自信。她得意地告诉我，她的已故丈夫和她在一起时，仍然是已婚状态。最终他们结了婚。但当他的身体开始走下坡路，乔娜琳就与另外一个已婚男人在一起了。乔娜琳当时觉得，因为二人都是已婚出轨，所以双方都不会将此事泄露出去。但是那个男人没能保守秘密。当他们的关系被撞破时，两人便结束了这段婚外情。

接着，乔娜琳又出轨了另外一个男人，与他保持了几年不正当关系。但当她的丈夫终于撒手人寰，这个情人也果断撤了，因为他担心乔娜琳会要求一段更持久的关系。始乱终弃是心不在焉型男人常做的事儿。对他们而言，偷情是一回事，建立长久稳定的关系则是另外一回事。毕竟他们的目的不是光明正大的恋爱和明媒正娶的婚姻。

被一个男人出卖、又在想结婚时被另一个男人立刻抛弃，这两次经历给乔娜琳留下了阴影，她发誓绝对不会再犯同样的错误。她觉得无论是什么原因让她被这些男人吸引，以后都不能再发生这种事了。乔娜琳的痛苦和悲剧让她明白：这类男人永远不会承担责任，也不会"付出真情"。

明白归明白，乔娜琳又勾搭上了第三个有妇之夫。这次的男人是她认识多年的朋友。他告诉乔娜琳，他的婚姻岌岌可危，因为他的老婆刚生完孩子，现在一门心思扑在孩子身上，完全冷落了他。

不出意外,这又是一次教训。这回她明白一个男人抱怨自己的婚姻"岌岌可危"并不等于他会离婚。尽管乔娜琳知道这个道理,他们的婚外情还是持续了好几年。这个男人最终没有离开他的妻子。这一次,乔娜琳的几年时光再次打了水漂。

经过这次事件后,乔娜琳一改自己的态度,声称这类无情的男人正合她意,她要的就是随意的感情关系,而不是任何认真的恋爱。尽管根据她之前的说法,她被这种关系伤害过,但她的这些经历已经让她逐渐变得麻木,让她放任自己投入这些虚情假意之中。

她用一种玩世不恭的态度说:"那些感情中的约束,对我不适用。"毕竟,在经历过一连串无果的恋情之后,她只能如此自我安慰来保持完整的自尊。但沉思片刻,她还是承认:"我自己也是一个无情的女人。"对某些女人来说,这可能是恰如其分的描述。她们之所以喜欢心不在焉型男人,根本上是因为她们自己也是这样的人。这可能是由她们过去的经历或者心理问题造成的。对乔娜琳来说,让自己向心不在焉型男人看齐,就不必痛苦地承认一个事实:自己也没有能力与他人经营一段稳定长久的感情。

提示危险的行为清单

心不在焉型男人往往有以下表现：

- 永远将自己的兴趣爱好、生活、工作、学业、朋友中的一项或者几项放在第一，认为这些事情远比你们的感情和你的需求更重要。

- 痴迷于为事业奋斗，以至于不考虑长期恋爱、订婚或者结婚。

- 完全专注于自身、自身的活动与问题，无法真正关切你的生活、需求或兴趣。

- 仍处于已婚或订婚状态，正在与别人交往，或者与其他女人有感情瓜葛。

- 声称自己"虽然还没分手"，但是在另一段感情中感到"不幸福"。

- 想要一个懂他的女人。

- 想要与你立刻建立亲密关系，理由是你比"另一个女人"更"懂"他。

- 从上一段感情直接跳到下一段感情，无缝切换。

- 在一段关系破裂时也不会难过焦虑。

- 向你承诺会与别的女人断绝关系，但却一直为不付诸行动找借口。

- 曾出轨或者有不检点的行为。

- 有心理疾病或精神疾病史。

- 可能是个成瘾者。

如何甄别心不在焉型男人？

在感情开始之初，心不在焉型男人会令你心潮澎湃。至少在一开始，他们体贴又有趣。那些沉迷于自己兴趣爱好的男人会承诺留出时间陪你，他们言辞恳切，令你深信不疑；那些脚踏多条船的男人则透着神秘，和他们在一起的时刻都被撩拨着心弦。他们描述着和其他女人在一起时自己有多么不开心，和你在一起时又是多么快乐和满足。他们承诺你才是真爱，会将你视为命中注定的另一半，但那一刻永远不会到来。

乍看之下，在所有的危险男人类型中，心不在焉型男人是最容易避开的。诚然，在现实生活中，总是有一些女性一开始并不清楚，某个男人会过分沉迷于自己的工作或爱好，或者心神完全被其他东西占据（关于"隐藏秘密型男人"见第六章），但是迟早有一天，真相会水落石出。

面对那些脚踏多条船的男人，决定权在你的手中。稍微了解一下心理学的基础知识，我们就能明白，痛苦是行为的主要动力。当痛苦达到阈值时，我们会改变自己的行为。与已婚男人交往，一定会让你的痛苦迅速冲到阈值。你会自动远离已婚男人，这就好比你会避免让针尖扎入眼球一样——因为很疼！之所以不能插足别人的感情还有另外一个同样重要的原因：这么做有悖通常的道德标准。只要你得知他还有别的爱人，就应该立即终止与他的关系。告诉他不要再给你打电话，必要时还可以更换你的电话号码或者邮箱，采取一切必要的措施断绝联系。

女性们要问问自己，如果一个男人每周在工作或者兴趣上面花费 80 个小时，或者已经结婚、订婚或已有正牌女友，他又能够在你身上投入多少感情呢？如果你的目标是追求有人待你一心一意，那么，和这种男人在一起，无疑是对你和你的情感最残酷的践踏。这种男人的危险性在于，你只要和他在一起，最后的下场轻则痛苦伤心，重则招来灭顶之灾。另外，他们的危险之处还在于，他们毫不介意会给你带来多大的创伤。此外，还有女性错误地认为，如果一个男人结了婚，那么他不大可能有精神或心理疾病，有成瘾行为或者暴力倾向。但实际上，他可能和其他男人一样有这些毛病。你不要觉得他唯一的问题就是对感情不忠、对你们的关系心不在焉而已。

因你不忠的男人也会对你不忠。他的问题不在于选择了不合适的女人，他的问题在于自己的恶劣秉性。他和其他人在一起时是那样的性格，和你在一起时也仍然是同样的秉性。因为这段关系的失败与是哪一个女人无关，都是因为他自己。一个人的秉性是由一个人的基本人格特质构成的，换换衣服和发型不会改变一个人的秉性。

坚守你的道德底线可以有效抵御这类心不在焉型男人。如果一个已婚男人靠近你，那么他肯定品行有亏，但你的品德如何呢？给自己定个底线，坚决不要去碰那些已婚的、订婚的、有正牌女友的或者与前任藕断丝连的男人。同时也不要去碰那些过分执迷于其他目标、无法认真投入感情的男人。远离这些男人，既是对你道德品格的坚守，也是对你心理健康的保护。

坚守道德底线也意味着你不能和已婚的、订婚的或者有女朋友的男人保持暧昧。如果你的道德边界模糊不清，也很可能会和一个男人从朋友关系演变成不正当的男女关系。女性也需要问自己："如果我和这个男人交往，当我们的关系出现问题时，我希不希望他把我们的感情状态透露给刚认识的其他女人，或者一个和他下班一起喝酒的女同事？我希不希望我们的感情生活被他当成搭讪其他女人的说辞？"如果答案是否定的，那么就问问你自己，为什么会愿意听信他口中与现任对象的爱恨情仇？任何一个男人，如果他过多地表露自己当前情感关系的隐私信息，他要么拥有严重的个人边界问题，要么就有瞎话连篇的问题。同时，你还要正视你自己的秉性。你要看清自己为什么会愿意接受这样的一个危险男人。这也是你实现个人成长的一个好机会。

最后，还要记得无数姐妹的切身教训，她们会告诉你，即便你愿意孤注一掷，想获得这种男人的真心，将别的竞争对手取而代之，赢的机会也微乎其微。这类男人中很多人都认为，婚姻本来就不是长久的，但他们仍然一边出轨一边努力维持自己已婚的状态。他们之所以要保留婚姻关系，是因为这样可以防止自己的风流韵事发展成为严肃的情感关系。他们可能会说，自己不离婚是因为宗教信仰（但与此同时，他们非常愿意跳上你的床，也不管神明怎么想），为了孩子或者是经济问题。对他们来说，最重要的是保持现有的平衡，也就是"家中红旗不倒，外面彩旗飘飘"。

女性们的领悟

我接触过不少交往过心不在焉型男人的女性，其中，阿丽的自述很有代表性。阿丽是中东地区一家企业的女性高管，35岁。她说：

"他称赞我迷人，我信了。我没有谈过几段恋爱，所以在这方面的经验并不算特别丰富。我对自己的评价不高，不过当时我并没有意识到这点。毕竟，如果当时我的自我评价很高的话，也不可能和他在一起！他的赞美让我很受用。我不介意他已婚，反正我也不打算和他发展什么严肃的关系，但我确实有时会好奇他的妻子怎么能够忍受得了他。但我不觉得是我伤害了他的妻子，伤害她的是她的老公。我就是这么想的，或者说我是强迫自己这么想的。"

和其他女人不同的是，阿丽最后清醒地认识到这个男人的问题，以及这类男人给别人造成的伤害，她继续说道：

"刚开始我觉得很快乐……不过代价是别人付的。但是现在，我认为我没有权利去决定别人的感情是否需要结束，那是他们的感情。他们应该基于自己的情感状态，共同决定是停止还是前进，而不是因为我的插足。插足别人的婚姻是错误的，那个时候我还不清楚，但现在我觉得非常抱歉，我伤害了他的家庭。即便他的妻子没有发现我们的事，但我仍然伤害了她，我玩弄了她的婚姻。我本来就没有资格去染指她的婚姻，那是她的，不是我的。"

莎拉是一个南部地区的美人，54岁。她在解释自己为什么和一个心不在焉型男人在一起时这样说道："我想成为那个打破壁垒的女人，我想让他明白真正爱一个人是什么样的。这听起来很自恋吧。但最后我明白了，我教不了别人任何东西！和他在一起34年，我现在仍然孑然一身。"

在前文中，我讲述了杰米的故事，她的经历让我们看到，哪怕是忍耐一个渣男，女性心中也会产生强烈的痛苦。杰米曾说：

"我们总是想要寻找一段关系来排遣内心的孤独，而那些男人也正是利用了女性的这种心理。他们撩拨我们的心弦，接着一切就顺理成章了。最初我并不介意他不属于我，甚至永远不会属于我，但现在我尝到了苦果，这丝毫不值得同情，因为这是我自找的。我不知道我的心理有什么毛病，竟然认为插足别人的感情是可以的，也不知道为什么会接纳这样的男人。当一个男人有别的女人时，一定不要沾惹他们。我讨厌自己伤害了别人。

"当一个男人说他在当前的亲密关系中是多么不开心时，就已经说明，他不愿意正面处理他现有的感情。既然如此，他又怎么可能会直面与你的关系呢？后来我明白了，这种男人有一个特征：常常欺骗女人。因为我也是一个女人，所以他也会欺骗我——事实上，他也的确欺骗了我。这类男人不会离开自己现有的亲密关系。他们寻找的不是爱情，而是对真实自我的逃避。

"我是一个好人，至少我曾经这么觉得。但我却做了一件明显的蠢事，让我陷入深深的自我怀疑，并因此损害了自己的心理健康。我现在非常清楚，这样的感情永远都不会有结果。我们都知道这些故事的结局，而这些男人本来是很容易避开的。我去参加心理咨询，想弄清楚我行为背后更深层的原因。我心里其实非常矛盾，因为一方面我想当作什么都没发生，不想深究自己为什么会这样做。但是另一方面我不想重蹈覆辙，所以我直面痛苦审视自己。我想把这件事大事化小，告诉自己这一切都只是为了寻开心，或者我当时不清楚这个男人的真实面目。我不想说实话。我的心理医生给我进行了透彻的分析，他点醒了我。我经历的这一切，不只因为对方是个渣男，我也从中看到自身存在的问题。对我而言，如果我想要的是认真的、可以修成正果的感情，那么我至少一开始要在正确的范围里做选择。"

第六章

隐藏秘密型男人

有些人背负着心理问题，这让他们形成了这样一种满载秘密和谎言的生活方式；另外一些人则有着艰难的童年或者父母故意离群索居；隐藏重大秘密的男人通常不会与别人产生真正的情感联结。占据他们注意力的是兴奋感、肾上腺素、惊险刺激，而不是来自他人的爱。他们渴望的是瞬间的极乐，是你追我赶，是不被警察、母亲或者你抓住。

你也许会觉得对自己的伴侣了若指掌，但隐藏秘密型男人会提醒你，有时候你并不像你认为的那样了解他。这未必是因为你识人不清，而是因为他故意隐瞒。

神秘的男人

在所有类型的危险男人中，隐藏秘密型男人，最能让女性感到自己被"骗"或被"愚弄"了。如果一个女人并不了解一个男人的真实情况，她又怎样能判断对方是否是适合自己的伴侣呢？当她无法掌握充分的信息时，自然就无法基于事实做出明智的判断。这类男人嘴巴紧得很，你不知道的那些事情很可能会让你受伤。这类男人深知这一点。因此关于他的过去、当下的问题、未来的规划，他都对你有所隐瞒。

这类男人的历史背景可能非常复杂，很难找到一个简洁的答案解释他们行为的成因。有些人背负着心理问题，这让他们形成了这样一种满载秘密和谎言的生活方式；另外一些人则有着艰难的童年或者父母故意离群索居；也许他们的父母一方是严重的犯罪者；也许他们的父母是成功的商人，但却让自己的财富逃避于政府监管。无论什么情况，很多时候，正是他们的原生家庭成员，教会了他们如何将自己大部分的生活隐藏在众人视线之外。还有一些男人的问题行为和一些成瘾行为，比如性瘾、情瘾、酒瘾、毒瘾相关，或者是对极限刺激的瘾。无论他的过去如何，女性需要警惕的是，这样的男人已经形成病态的隐藏习惯。

隐藏重大秘密的男人通常不会与别人产生真正的情感联结。占据他们注意力的是兴奋感、肾上腺素、惊险刺激，而不是来自他人的爱。他们渴望的是瞬间的极乐，是你追我赶，是不被警察、母亲或者你抓住。当女性不在他们身边的时候，肾上腺素就是他们的"情妇"。由于他们大部分的精力都用来掩盖行踪并积极寻找下一个刺激的目标，隐藏秘密型男人可能会做很多事情，而其中绝大多数都会令你大吃一惊。有些人甚至会从事一类违法、违规或者不道德的活动。这些活动可能会经常变换，以掩饰过去的不轨行为。他们的身份也会跟着他们最近的兴趣变换。

谈到这类男人时，女人会说他们冷漠和疏离，这种描述是非常准确的。当你不在他们身边的时候，他们可做了不少"有趣"的事情！这些男人的身份甚至不会固定在他们的感情关系中。和永久黏人型男人以及寻求抚育型男人不一样，他们不会把自我寄托在你的身上，他们想要的是一边"多栖发展"，一边把你蒙在鼓里，而同时执行多项任务需要耗费大量精力。

由于我现在讲的是不正当的、违法的和具有危害性的行为，你可能会觉得我指的是社会上那些无所事事的底层懒汉。事实并非如此。隐藏秘密型男人的职业身份可能是警察、医生、商人、音乐家等等，他们表面从事的正当职业和他们业余做的勾当，通常完全无关。这类男人有一项神奇的能力，他们能将自己的生活分割开，这样，他们光明正大的职业身份和他们的隐秘生活就能泾渭分明——至少在他们的心中如此。

所有这些，都决定了这样的男人必然是集多种风险于一身。他们的心理问题、成瘾问题、对情感的冷漠和捕猎本能，共同构成了他们的可怕之处。他们的捉迷藏游戏让女人不清楚他们到底是什么样的人。

但这正是他们所追求的！在你看不到或不知道的地方，他们还能享受着完整的别样人生，于他们而言，这是很大的享受。在他们眼里，整个世界就是一个开放的游乐场，只要他们能想到，只要你不知情，他们可以和任何人做任何事。

他们觉得自己配得上这样的生活和享受，毕竟他们私下里所做的事情和别人无关。这是隐藏秘密型男人普遍持有的观念。他们真心实意地相信他们的生活完全属于自己，只要不当着你的面，他们就可以为所欲为。即便他们在法律行业或者执法部门工作，规则、法律、社会期待于他们而言都是摆设。给他们讲解社会规范和习俗，旁征博引各种数据，都是毫无意义的。但凡涉及他们刻意隐瞒的那部分生活，这些规则在他们看来通通无效。

即便是他的家人和他最亲密的男性伙伴，也并不总是知道他在做什么。他们对他的秘密生活也语焉不详。他们会说"他一直都神神秘秘的""他是一个注重隐私的人""不喜欢别人掺和他的事情""将自己的私人生活只留给自己"。从这些描述中，也许你能够窥得一二真相。因为"私生活"通常也可以用来粉饰那些见不得光的东西。我们经常会听到有人隐瞒诸如婚姻、其他伴侣、私生子、对某种物质成瘾、犯罪史、第二个家、曾用名、债务、疾病、性取向、精神疾病、患病史等等。此处还只是简单列举几项。

女性在和男人确定关系之前，一定先了解这个男人生活的各个方面以及他的秉性。

他们的目标女性

隐藏秘密型男人最怕的是那种好奇心旺盛、喜欢刨根问底并且直觉敏锐的人。由此反推，他们最钟爱的女性是那些不打听、不质疑或者不去验证自己疑虑的女性。

这类男人喜欢轻信他并愿意死心塌地一直信任他的女性。有些女性认为信任是亲密关系中的核心价值，所以会竭尽全力维持两人之间的信任，甚至会为了避免看到自己的信任被对方践踏，宁愿故意无视。女人的这种信任观和盲信的欲望，对这种男人来说是最关键的。

在我的研究中，许多与这类危险性男人交往过的女性都指出，在她们的原生家庭中，母亲会向她们强调无条件信任家人的重要性。那些和隐藏秘密型男人有感情瓜葛的女性，都展现出一种行为模式，那就是不要求别人正面证明他们的秉性和可信度。她们开放而慷慨地给予他人信任，很少质疑。即便有人辜负了她们的信任，她们也愿意给对方第二次、第三次或者更多的机会。这种将"不信任"等同于"不礼貌"的善良女性，正是隐藏秘密型男人所梦寐以求的女人。这类女性最反感的就是被评价为无礼，对她们来说，好像被伤害的危险性还比不上被贴上"无礼"的标签可怕。

在隐藏秘密型男人最喜欢的女性榜单中，居于第二的是无暇他顾的女性。失败的婚姻、误入歧途的孩子、发展不顺的事业、过于忙碌的生活或者是其他外部的兴趣，这些都能够占据女性的心神，让她没有精力和时间去观察、追问男人前后不一的地方，或者验证自己的直觉。

　　隐藏秘密型男人还喜欢那些对待感情态度随便的女性。一个对待感情不认真的女性，通常也不会深究男人的个人历史（但伴随着感情的深入，她可能也会开始刨根问底）。不加追问的同时，她很乐意偶尔出去和男人吃顿饭、度个假甚至发生肉体关系。所有这些在她眼中都是无害的寻欢，她完全不知道自己所面临的危险。

　　最后，这些男人所隐藏的秘密也会影响他们对女性的选择。比如，一个隐藏自己已婚事实的男人和一个隐藏自己贩毒罪行的男人，可能会瞄准不同的女性。

他们为什么能得手？

　　起初，隐藏秘密型男人显得格外迷人。由于对他所知甚少，你的兴趣反而更浓。对某些女性来说，男人的若即若离也让人兴奋。男人也希望他的那种不多言的特质，能够让你对他欲罢不能。

　　隐藏秘密型男人可不蠢，他们知道哪些事情会突破女人的底线，把她们吓跑。也正是如此，他们才会不遗余力地掩藏自己不能见光的行为。他们学会了对自己过往的所作所为守口如瓶，因为他们之前的坦白可能曾经把伴侣吓跑过。从自己过去的经历中他们已然熟知，哪些东西可以公开，哪些东西只能作为秘密严加保守。不过，他们选择的是将大部分的内容都保密。

　　与此同时，这些男人不觉得他们的保密行为有什么不对，他们觉得自己可以将生活分割开来。他们相信如果在目前的职业中做着"正经事"，就能够抵消他们在别的地方所做的"坏事"。他们把自己的生活看作一杆秤，只要好的一端与坏的一端平衡，就什么事都没有。如果他能找到一个同样分割看待他每一面的女人，两人就一拍即合了。如果他富有、有名气或者帅气迷人，有些女性就会觉得，他的这些闪光点能够弥补他是有妇之夫、有赌博恶习或者有怪癖的不足。

这类男人之所以能得手，还因为他的个人形象是模糊的。他称自己是"一个注重隐私的人"，用这种方式来掩饰他的秘密生活。如果你在过去曾交往过那些缺乏边界、交浅言深的男人，那么隐藏秘密型男人身上所体现出来的坚忍和节制，可能会让你认为对方是强大、有尊严的人。在某些女性眼里，男人的谨慎和有所保留也是一种魅力。

但是，作为女性，你一定要仔细看、认真听。当你听到一些矛盾的说法时，要提高警惕，努力获取更多的信息。也许他的朋友们提及了你不曾听过的有关他的生活细节；也许他的家人说到了他过去所结交的一些他从未向你透露过的人；或许他的个人档案中包含了你从不知道的曾用名或者与现有职业相差甚远的工作。他可能会这样解释："那是我的过去，我现在已经重新开始了。"这时候你不要傻傻地全信，你要弄清楚，他重新开始前发生了什么，以及为什么要重新开始。

更不幸的是，隐藏秘密型男人通常是组合型危险男人。他的人格本质基本决定了他还兼具另外一种危险性。比如，他可能还是一名情感捕食型男人或者有成瘾问题。最常见的情况是他存在心理健康问题，因为只有这类男人才会在欺骗女人时毫无思想负担。组合型危险男人危害最大，因为和他们在一起时，你所面临的危险也是组合型的。他们的各种问题交织在一起，形成了一张错综复杂、具有潜在伤害性的网。

下面介绍了三位女性的故事，希望她们的可怕经历能够警醒你去审视、质疑、检验自己在生命中新遇到的每一个男人。

娜塔莎的故事

娜塔莎是一名护士，有四个孩子，她是个情绪极度稳定的人。她感情充沛、有洞察力、富有同情心，能够接纳自己和他人的缺点，她还有着超出自身年龄的智慧。但即便这样的女性，仍然没有避开像巴克这样的男人。

巴克是一个变色龙一样的男人，富有魅力，他能伪装出娜塔莎想要的任何样子。娜塔莎刚刚结束了上一段婚姻，身心疲惫，此时她需要一个能倾听自己的人。这时候巴克出现了。巴克是一名离过多次婚的心理医生。对有些女性来说，多次婚姻失败已经说明这个男人大有问题，但娜塔莎却不以为意，仍然把他当作知心人。巴克有一双水汪汪的大眼睛，总是能和她共情，娜塔莎在自己需要的时候随时都可以向他畅所欲言。

很快两人走进了婚姻，并将两个家庭合二为一。娜塔莎的四个孩子加上巴克的三个，他们重组为一个九口之家。

但巴克是一个非常自大的人，他总是将他的心理分析事业排在娜塔莎的护士工作之前，也排在娜塔莎的学历进修之前。他对获得认可有着锲而不舍的追求，为此他在工作上花费了大量的时间。他总是想要在医院里争夺首席心理医生的位置。对他来说，在此之下都算是"屈居人下"。娜塔莎一边勤恳工作、刻苦学习，一边还要照顾家里的七个孩子。巴克经常在晚间开会，所以晚饭时间照顾孩子的大部分任务都落在了娜塔莎肩上。

巴克经常进行关于婚姻、感情、成瘾和虐待的演讲。尽管他自己的婚姻也几经失败，他却仍然真诚地认为自己是可以指导别人的情感专家。

巴克理财能力极差。他冲动的性格经常使他为了排遣情绪而冲动消费。他时不时就会厌烦家庭生活、婚姻、工作甚至他自己。实际上，娜塔莎不明白巴克到底都在厌倦些什么。但是有一天，娜塔莎终于发现了他排遣无聊的几种方法。他们结婚几年后，娜塔莎发现巴克喝酒喝得非常多。她逐渐了解到他有滥用药物的历史，并且曾因在他的病人出院后与病人一起饮酒的不当行为被开除。巴克偷偷摸摸地吸毒或酗酒。娜塔莎注意到，他对毒品和酒精的依赖，与他对家庭的兴趣此消彼长。

不久，娜塔莎又发现他与一个实习生有了外遇。事实证明，巴克向来就喜欢把手伸向实习生，因为实习生通常在实习一两年后就会离开。但娜塔莎发现的这场外遇，只是潘多拉魔盒打开后第一个出来的东西。更令人瞠目结舌的还在后头。

当娜塔莎开始密切留心巴克后，她发现巴克存了许多性爱服务的电话号码，还有一箱上了锁的淫秽作品、性爱小玩具（她不知道这些小玩具都用在了谁身上）、令人摸不着头脑的信用卡账单。她开始注意到他白天黑夜都有不回家又给不出理由的时候。

当她与巴克对质的时候，他表现出一副忏悔的模样，并向娜塔莎袒露了自己从青春期开始的性瘾史。他以前经常光顾成人电影院，在不使用保护措施的情况下与别人发生性关系，还曾在公共厕所与陌生人做爱。他沉迷于淫秽作品，并使用毒品和酒精来麻痹自己的罪恶感，不断地与他的病人发生不正当的关系——不胜枚举。娜塔莎估计，巴克应该参与过上百次与陌生人没有保护措施的性行为。由于他的这种滥交行为，娜塔莎本人也很有可能被传染上了可怕的疾病。

"毁灭"一词都不足以描述娜塔莎当时的感受。她不仅遭受了丈夫严重的背叛，同时还要为自己的健康担惊受怕。即便如此，娜塔莎还是开始与巴克接受婚姻咨询，试图挽留这段婚姻。他们又在一起待了几年。他们参加夫妻咨询来挽救这段婚姻，而娜塔莎自己还要单独去见心理医生，来治疗自己内心因遭到背叛和打击而承受的苦痛。

过了几年，巴克宣布他所有的荒唐都已成过去，他劝娜塔莎对过去的事情翻篇，因为他自己都已经翻篇了。娜塔莎就这样痛苦地生活了多年，努力修复与一个性成瘾者的婚姻。

接着他又开始抱怨生活的无聊。为了抵制这一波无聊，同时也为了谋求事业的发展，巴克写了一本书，这本书让他在自己的领域取得了一些名气。但即便这小小的风头也不能消解他内心逐渐升起的不满足感，他竟然与合写这本书的人出轨了。

很快，巴克就告诉娜塔莎他想离婚，因为他又遇到了一个女人。之后巴克和这个女人结了婚，并迁居到美国的另外一个州，在那里没有人知道他有过多次婚史，他在那里开办了自己的新诊所。不过，听说最终他和这任妻子也劳燕分飞了。

　　巴克之所以能够让好几个女人嫁给他，是因为他善于掩藏他绝大多数的病态行为。只要有需要，他就能够将自己伪装成一个正常的"顾家男人"、一个成功的心理医生。但在这些面具背后其实隐藏着他另外一种人生。他精湛的演技可以堪称恐怖电影的最佳男演员。

吉娜的故事

不是所有隐藏秘密型男人的秘密都与性丑闻有关。吉娜已经离异多年，她是脊柱推拿行业的一名咨询师，职责是帮助推拿技师创办诊所。她的生活节奏很快，工作、交友和旅行都匆匆忙忙。在遇到德里克时，吉娜并没有谈恋爱的打算。但是德里克穷追不舍，最终吉娜才同意和他约会一次。德里克坦白他也曾离过一次婚。面对这个英俊、健谈、思想开放的男人，吉娜觉得他也许是个打发时间的不错人选。但是吉娜并没抱着严肃的长期交往甚至走入婚姻的目的，毕竟她的生活已经被旅行、事业和十几岁的儿子们占满。

想要联系到德里克也不容易，因为他的工作需要他一直在路上跑。那个年代还没有手机，所以吉娜只能在他的工作间隙，碰巧自己也在城里时，才与他见上一面。他们主要在周末会面。他通常会在吉娜的家里过上一夜。但奇怪的是，吉娜从来没有在德里克的家中留宿过。实际上，她根本不清楚德里克住在哪里——她只知道他住在哪个区，但不知道具体的地址。

吉娜和德里克两家相距大约 40 分钟车程。当吉娜提议去德里克的房子里坐坐，变换下氛围时，德里克就以"两个人都方便"为由，在他们两家之间大约中间点的位置租了一套公寓，专门用于周末幽会。

有一天晚上，吉娜接到一个女人的电话，对方声称是德里克的妻子。她谴责吉娜和她的丈夫"偷情"。原来德里克不仅已婚，而且仍然和妻子生活在一起。每个周末，他都有一个晚上待在家里。

当吉娜每次差他去商店或者替她外出跑腿的时候，德里克其实都会回家"打个卡"。由于他的工作需要他一直在路上跑，两个女人都很少能见到他；再加上他的蓄意遮掩，两个女人谁都不清楚他何时在何地。德里克的谎言在吉娜身上竟然维持了一年甚至更久的时间。

乔伊的故事

乔伊是一名 50 岁的企业高管，前夫是著名的音乐家。离婚后，她一门心思在公司里攀登自己的事业高峰，并在男性主导的职场高层中挣得一席之地。这个时候她遇见了波。波是一个高大健壮的男人，有自己的建筑公司。乔伊心想：从音乐家换成包工头，这转变可真不小。波的体格和乔伊的社会地位，使得他们的结合吸足了眼球。

波也曾结过婚，就在他"等着办离婚"的时候，乔伊就开始和他同居，同时继续在事业上打拼。但很快，波的生意开始亏损。他告诉乔伊，他把自己的公司卖了，而且亏了钱。此后，每天早上还不到八点，波就会起床，收拾好后出门去找工作，为新的机会铺路。他虽然努力寻找新的就业机会，但却迟迟无法再就业。他开始尝试卖保险，后来又买了一个酒吧，结果再次以失败告终。但他意志坚定，每天早上都会离家，去找他可以做的工作。

乔伊和波结了婚，这时他还处于"找工作"的状态。慢慢地，乔伊发现他实际上是在（拿着她的钱）赌博，同时还傍上了许多其他的女人，以色谋财，骗这些女人给他填补公司的窟窿或者"帮他渡过难关"。那些女人通通不知道他已婚。乔伊接着还发现了波之前隐瞒的酗酒恶习，并且他还会从她的养老金账户中偷钱，用乔伊的养老钱和其他女人寻欢作乐。波欠下一屁股赌账，还要编造出去找工作的谎言。不仅如此，他还拒绝给自己发育迟滞的女儿支付抚养费。他的情妇遍布几个州，这些女人彼此之间都不知道其他人的存在。

乔伊后来又发现，波其实结过很多次婚，不止是与那个给他生下精神残障女儿的前妻。曾经的"波太太"难以计数。这些女性大多都不清楚他究竟结过多少次婚。

　　就像波对待乔伊一样，这种危险男人不仅会挥霍你的物质财产，还会摧残你的身心灵，打击你的自尊，并且动摇你对自己直觉的信任。

提示危险的行为清单

隐藏秘密型男人通常有以下行为：

- 当被问及去了哪里、做了什么、和谁在一起时，通常不正面回答。

- 隐藏关于自己的重要信息，你只能通过别的途径了解。

- 频繁更换名字。

- 行为神神秘秘。

- 通常无法直接联系到他——可能因为没有他的地址，只有一个邮箱地址或者是语音信箱。

- 拒绝透露个人信息，比如在哪里长大、有哪些亲属或在哪里上学。

- 不透露前任或现任妻子或女朋友的任何信息。

- 他的叙述与他的行为或者与你对他的了解不符。

- 他的叙述与你从别人那里了解到的关于他的信息不符。

- 不时会收到一些神秘的电话、短信或者信件，有一些神秘的会面安排、工作或者会议。

- 对自己的工作或者谋生手段的细节讳莫如深。

- 会在你的生活中突然消失一段时间，完全失联。

如何甄别隐藏秘密型男人？

要抵御隐藏秘密型男人，最好的办法是养成质疑的思维。不要相信你从小到大被灌输的无条件信任任何人的观念。无论一个人说话的态度多么诚恳，他说的内容都有可能是假的。比如，没有几个性瘾者，会在刚认识一个女人时，就告诉她自己已经有过 500 次没有保护措施的性行为。除非你真正了解了一个男人，否则一定要保留一丝疑虑，允许自己怀疑他可能有妻子、有不为人知的生活或者他说的事情暗藏乾坤。

这类危险男人通常不止有一种问题，所以你要仔细观察，看他是否还在其他方面有隐秘的嗜好。当然，这些男人能够轻而易举地隐瞒自己的生活，也折射出他内心存在一定的心理问题。

仔细听其言、观其行，并大胆地比较他的言行是否前后一致。问他问题，而且要不断地问，如果他逃避回答，那你就有足够的理由去怀疑他。对他要"疑罪从有"，除非你通过他的行为或者别的渠道，得到了前后一致的验证。

如果有关他生活的各项信息不合常理，那这个人也可能存在问题。不要为了让自己接纳这个男人就牵强解释他的行为。你要坦诚地告诉你自己或者朋友，你对他所说的故事感到担忧和怀疑。最重要的是，当你体内的危险预警系统发出警告时，不要对它传达的信息充耳不闻。

和一个人相处的时间越久，感情推进的速度越慢，你就越能好好观察，越能看到更多的东西；你看到的东西越多，能质疑的东西就越多；质疑的东西越多，就越有可能了解真相；你了解的真相越多，就越有可能做出正确的选择。本章所介绍的几位女性，她们本以为自己很了解自己的伴侣，但是后来却发现了对方惊人的秘密，她们的生活也因此被搅得天翻地覆。其中两位女性自以为足够了解眼前的人，稀里糊涂与对方走进婚姻，结果事实却证明她们只是引狼入室，惹祸上身。

娜塔莎的故事提醒我们，女性就算发现了男人的谎言，也经常会莫名其妙地原谅对方。一个谎言通常会牵出另一个谎言，但这些女性不顺着一个谎去发掘另一个，反而欺骗自己说："就这一次而已，他没有再对我隐瞒其他事了。"聪明人能够明白，如果一段关系始于谎言，就足以说明这个人身上存在重大的人格问题，这个问题可能就是你们的关系最终走向破裂的祸根。毫无疑问，谎言本身就是一个危险信号。

女性们的领悟

乔伊不无悔恨地说：

"这件事给我带来的最大痛苦是，我觉得自己非常愚蠢。我自认为是一个成功的职场女性，对各类商业问题有着敏锐的嗅觉，但在和波的感情中，面对一堆明晃晃的线索，我却成了睁眼瞎。我在商业领域拥有的理性思维，完全没有被我用在自己的情感生活里。我冷静的头脑不见了，我成了一个彻头彻尾的蠢女人！一涉及亲密关系，我就把脑子束之高阁了，像吃了迷魂药。

"我必须承认，在我们整个相处期间，都有危险预警信号出现，不只是在最后阶段。我们俩刚接触时，我就隐隐觉得哪里不对劲儿，但我被感情冲昏了头。这到底让我的脑子出了什么问题啊？为什么感性和理性不能共存呢？我美化他、忽视他的不堪，最重要的是，我还欺骗自己，不去分辨他真实的本质。我捕捉到了他前后矛盾的地方，我的直觉告诉我，他并不在他所说的地方，也不是他所标榜的那个自己。可惜，当我的这些第六感在尖叫的时候，我没有继续追问，也没有做一点调查。不然的话，我应该在一开始就戳穿他的谎言，看清他诈骗犯的面目，早早远离他。对我来说，这段经历是一个惨痛的教训——他骗了我六万美金。除此之外，还伤透了我的心，甚至动摇了我的自尊。我现在常常怀疑自己——我会不会永远都不能听从自己的直觉，学不会保护自己了？"

吉娜与乔伊有着相似的感受，她说道：

"真是滑天下之大稽——我的工作是帮助医生们筹建诊所，但我却管理不好我自己的生活！我不知道是我太蠢，还是他太狡猾。谁会为了节省二十分钟的车程另租一套公寓呢？真是可笑。也许我早就知道事有蹊跷，只是故意忽略这种感觉。因为，如果我继续调查下去，谁知道会发现什么呢？他的谎言，这段感情的可怕真相，一切都是我美好的幻想？要是谎言能早一点被戳破该多好。我只知道他向我隐瞒了他结婚的事实，但谁知道他的葫芦里还藏着别的什么'毒药'呢？"

第七章

有精神疾病型男人

《飞越疯人院》《沉默的羔羊》和《美丽心灵》里的角色无法帮助我们识别现实生活中的危险男人，因为很多精神疾病的表现并不像电影刻画的那么夸张。世界上有很多有精神问题的人，可能根本没有得到过任何临床诊断，一方面是因为他们没有寻求治疗，另一方面也因为即便去寻医问诊也未能诊断出真实的病症。

与一个像迈克一样的男人谈恋爱可能会让你崩溃。与有精神疾病的人认真交往意味着要承担他的痛苦。你确定想要这样的生活吗?

容易崩溃的男人

给有精神疾病的男人贴上"危险"的标签,有点残忍。谁都不想因为自己控制不了的东西,比如患有的某种精神疾病,就被定义成是一个不受欢迎的约会对象。因此,我先声明,这并不是歧视精神疾病患者。我在工作中治疗这类病人,他们中的很多人都过上了质朴而平静的生活。从他们的生活状态可以判断,他们和"危险"二字根本就不沾边。此外,本书的许多女性读者,可能本身也有某种心理与精神问题。既要讨论精神疾病,又要避免精神疾病患者竭力想要撇清的污名是很困难的。此外,并不是所有被诊断为有精神疾病的人都会做出本书中所说的"危险行为"。

然而,我仍然用这一章专门讨论有精神疾病的男人,是因为被诊断出有本书所述某些病症的患者,如果未曾接受精神科医生、治疗师的定期诊治或护理,或不遵医嘱用药,就可能会有实施危险行为的倾向。

精神疾病的范围非常广,很少有女性对其症状有充分的认识,因此女性通常很难识别出困扰着这些危险男人的棘手而普遍的疾病。本书不会展开讨论所有会对亲密关系造成干扰的精神疾病。在本章中,我将梳理出几种危害性较大的精神疾病。此外,本书末尾的附录给出了对这些疾病的详细描述,你也可以参考第一章中有关精神问题和慢性精神疾病的内容。最重要的是,如果你在一个男人身上觉察到了某些令你不安的行为，一定要找机会咨询专业人士，他们可以帮助你更好地分析这些症状。遇到疑惑时，最好多向他人虚心请教，以绝后顾之忧，不要闷不作声，因无知而受害。

要充分了解精神疾病，我们需要先摒弃影视作品惯常塑造的精神疾病患者的形象。《飞越疯人院》《沉默的羔羊》和《美丽心灵》里的角色无法帮助我们识别现实生活中的危险男人，因为很多精神疾病的表现并不像电影刻画的那么夸张。世界上有很多有精神问题的人，可能根本没有得到过任何临床诊断，一方面是因为他们没有寻求治疗，另一方面也因为即便去寻医问诊也未能诊断出真实的病症。一个满足临床诊断标准的精神病患者可能都不知道自己患有精神疾病。这意味着，你要靠自己去识别。

精神疾病可发生于各种各样的生活环境中。在第一章中，我们讨论了精神异常和慢性精神疾病。有些精神疾病是遗传性的，也就是说，有的人天生的人格结构就存在问题，且永无治愈的可能。还有一些人的大脑化学物质失衡，这使得他们的情绪十分不稳定。还有一些人童年时期遭受过极大的精神创伤，再结合遗传因素或者是脑部化学物质紊乱，就形成了严重的精神疾病。由于精神疾病的病因和症状范围很广，所以在一章中我们很难囊括所有与精神疾病相关的身份问题、人格结构，以及与不同疾病相关的危险行为。精神疾病是由生物化学因素、遗传因素和后天习得行为交织影响而导致的疾病，这使得患者很难被治愈，也很难与他人相处。

有精神疾病的男人之所以很危险，主要是因为他们的问题是长期存在的。如果你的目标是最终找到一个人生伴侣，甚至是一个你希望他可以一直陪伴你左右的男人，那么有精神疾病的男人怎么会符合你的要求呢？他们可能会住进医院、犯罪、抑郁、躁狂发作，需要接受药物治疗或心理治疗，或者把生活和工作搞得乱七八糟。为什么你会喜欢上这种人？

一些女性可能存在侥幸心理，由于我在上文中说了"可能"，她们就觉得她们的伴侣存在于"可能"之外。但是，心理学领域的专家们都知道，要推测一个人未来的表现，最可靠的依据是他过去的行为。一个男人在过去因为自身的某些精神问题所展现出来的异常，也许就预示着他未来的模样。有一点可以确定的是，和有精神疾病的人在一起，你永远不能指望他以后的稳定性。就算他现在的样子、行为或是社会功能和正常人没什么两样，但却说不好他一个星期、一个月或一年之后会怎么样。患者的精神健康水平起伏不定，其影响因素很多，比如说压力、其他疾病的影响、用药、药物反应、随着年龄而改变的生理特征等，并且这些因素大多难以预测。

我在家暴受害者庇护中心工作过一段时间。我看到，在那些来避难的女性中，很多人的伴侣不仅有暴力倾向，还存在各种精神问题，比如反社会型人格障碍、未进行医学干预的精神分裂症或双相情感障碍、边缘型人格障碍等。这些障碍，再叠加毒品、酒精或失业压力，让这些男人成为不定时炸弹。

和有精神疾病的男人在一起，对女性的消耗极大，然而，女人却往往无法割舍对他们的感情。这些男人会唤起女性的极大同情，而女性也会错把对男人的同情当作激情。她们心甘情愿地留在这些男人身边，因为害怕承受抛弃病人、薄情寡义的污名和愧疚感。她们把维持一段不稳定的感情放在第一位，把自身和子女的安全放在第二位。生活在一个随时会发作的男人身边，这样的女性无疑是在进行一场豪赌，赌注便是自己、孩子和未来。

他们的目标女性

被有严重精神疾病的男人所吸引的女性，其数量之多令人惊诧。探究这个现象背后的原因，是一件非常有意思的事情。我认为这些女性并不是有意找这类男人，只是她们身上的某些特质与这些男人身上的特质产生了共振，双方由此产生了情愫。不过，在相处一段时间之后，她们一定会发现自己的交往对象存在精神问题，但通常为时已晚。

被有精神疾病（无论是否确诊）的父母抚养长大的女性更容易将精神病病人的行为模式看作是正常的。很多女性在交往过有精神疾病的男人后才意识到自己的父亲或母亲也存在精神问题，只是没有被确诊。她们开始理解，自己之所以对这类男人失察，是因为她们的过去已经使得她们对男人所表现出来的不正常行为免疫。比如说，如果你有家人患有双相情感障碍（过去也被称为躁郁症），那么，当你遇到有同样病症的男人时，你就觉察不出什么异常。

还有一些女性分不清工作与生活的边界，将自己的部分职业功能带入情感领域。她们喜欢与工作中所服务的客户类型相似的男人交往。在与有精神疾病的男人有感情纠葛的女人中，从事与护理行业相关的女性所占比例最高，包括护士、其他医疗工作者、社会工作者、教师甚至日托工作人员。

和这类危险男人约会的女性往往分为两类，她们要么喜欢有着病态依赖倾向的男人，比如永久黏人型和寻求抚育型男人，要么喜欢那些具有极端不可测性的男人，比如情感捕食型、心不在焉型或者成瘾型男人。

那些倾向于照顾人、指导人或改造人的女性，并不觉得某些精神障碍具有危险性。那些曾经与永久黏人型或寻求抚育型男人打过情感交道的女性，会在有精神疾病的男人身上发现与前者类似的人格结构，因此察觉不到这些男人身上可能存在的问题。这类男人的精神病症，可能包括依赖型人格障碍、回避型人格障碍或者是偏执型人格障碍，同样也可能包括一些慢性心理疾病，诸如抑郁、焦虑或者是强迫症，甚至是轻度双相情感障碍。

还有一些女性，觉得有精神疾病的男人的某些行为，与自己交往过的情感捕食型、心不在焉型、成瘾型或者是暴力型男人的一些行为类似。这部分有精神疾病的男人可能有反社会型人格障碍、边缘型人格障碍、自恋型人格障碍，或者可能与战争相关的创伤后应激障碍。有些有暴力倾向的双相情感障碍患者可能也会潜入这些女性的生命中。喜欢这类男人的女性，通常本身也是喜欢寻求刺激的人，她们喜欢跌宕起伏的生活，喜欢大起大落的事态，自身也带一点棱角，或者也有成瘾行为，或者也存在一些心理问题。另外，一些循规蹈矩的女性可能也会喜欢这类"坏男人"。也许对她们而言，和这类男人交往，是释放心中的叛逆不羁的一种方式。

观察你自己的行为模式，看看你父母中的一方或双方是否也有精神疾病。了解这些，可以帮你弄清楚你将来可能的选择，以及过去已经选择的男人可能患有哪种类型的精神疾病。

有精神疾病的男人所寻找的女性，必须不介意他混乱甚至是病态的行为和捉摸不定的生活方式。他需要的女性必须有高度的耐心和宽容度，愿意为他放弃平淡、正常的生活。或者，他会去寻找喜欢无序和不稳定的女性。还有些男人，会将目光瞄向那些自身也有心理问题的女性。这样一对有问题的男女组合在一起，他们的感情格外具有毁灭性。（在这里，我说的并不是一对精神分裂症患者或一对情感发展有问题的男女在常规治疗环境或者是共居的互助组相遇倾心的情况。）

　　研究已经表明，即便知道了男人的精神问题，很多女性也不会抽身而退。正如前面所说，她们之所以不愿撒手，经常是因为害怕承受抛弃弱者带来的良心不安。很多女性即便知道身边的男人不遵医嘱，或者没有进行任何医学或心理治疗，也仍然不离不弃。读到后面你就会明白，这种坚守并不明智。

他们为什么能得手？

　　有精神疾病的男人之所以能够成功地吸引女性，是因为绝大多数女性不清楚男人所患的精神疾病会通过他危险而病态的行为，给女性的个人生活带来怎样的浩劫。尽管我们生活在一个可以借助书籍完成自我成长的社会，但绝大多数人对精神问题的了解仍然非常浅陋，对精神疾病的认知更是少之又少。比如说，绝大多数女性对抑郁症有基本的认知，也能够比较现实地评估抑郁症对情感关系的影响，但是她们却不知道，重度抑郁之下的人会产生哪些病态行为。她们不知道边缘型人格障碍患者具有高度的自杀倾向；双相情感障碍患者如果不用药，在躁狂期很容易做出极度危险甚至是违法的行为；有反社会型人格障碍的男人也最容易犯杀人或强奸之类的重罪。

又有多少女性清楚，患有精神分裂症或妄想性障碍的男人在不用药的情况下会有什么样荒谬怪异的表现？

　　和这类男人交往，女性就相当于上了一套实践型心理速成课，她们在亲历后才明白了什么是情绪不稳定，不治疗或不用药的后果有多严重，以及非理性的行为有多恐怖。那些把伴侣的心理和精神疾病不当回事的女性，最终会得到刻骨的教训，这教训足够让她们开堂授课，课程名字我都想好了，可以叫作"如何在精神失常的男人身旁生存"。经过这种男人的洗礼，你会明白：如何准确识别情绪崩溃的信号，如何快速逃跑，如何保护孩子，如何强制带他住院治疗，如何防止他自杀，如何帮他收拾财务烂摊子，如何去文饰他的行为，让他在别人眼里看起来稍微正常一些。

　　尽管如此，很多女性不希望被人认为自己嫌弃或看不起患病的伴侣，而选择留在他身边。有的女性以为自己的怜悯能够帮他改变现状，有的则希望最好双方都有意愿放弃这段感情。有些女性试图用爱治愈男人。还有很多女性对诊断结果意味着什么不甚了解，想着"等等再看"。

　　总体而言，这类危险男人之所以能够吸引到女性，是因为他们的一些症状比较隐蔽。女性需要一段时间才能看清楚男人的异常。如果他的精神障碍是周期性的，尤其难以及时发现。比如说，他的疾病可能周期性发作，但是你和他认识时，他恰好处于两次病情发作的间隙。当女性发现不对劲时往往已深陷其中不愿自拔，或者不知如何自拔。患某些类型精神疾病的男人在面对女性提出分手的时候会做出令人恐惧的举动。因为害怕男人的可怕反应而不敢分手的女人最终会忍气吞声，默默隐忍。她们留在这段关系中，希望等到能和平分手的那天，对方能主动结束这段感情。可惜这种等待游戏非常危险。

　　有精神疾病的男人之所以能够俘获女性的芳心，还有一部分原因是有些女性不具备主动斩断关系的能力。虽然她们知道如何调情和约会，却不知道如何安全地终结关系。一个女性如果没有掌握有效的分手技巧，无法在想离开时从容脱身，就不应该草率地投入任何一段感情。

下面几位女性的故事可以给你提供第一手的资料，让你明白，如果你不愿意花时间了解所交往对象的心理和精神问题，会产生什么样恐怖的后果。

西拉的故事

遇到蔡斯时，西拉已经离婚，带着五个女儿。她是一名医务人员，经营着一家临终关怀中心。当时，蔡斯的母亲就住在这里，即将不久于人世，蔡斯温柔体贴地在母亲床前侍奉。西拉想到一句老话，"可以看一个男人是怎么样对待他母亲的，因为那就是他对待你的样子。"西拉最后才知道，这纯属无稽之谈。

蔡斯的母亲去世后，西拉开始与他交往。他像关怀他母亲一样对西拉体贴入微。但是西拉不知道的是，蔡斯隐瞒了自己患有双相情感障碍的事实。不仅如此，后来他还被诊断为伴有反社会型人格障碍。他们走入了婚姻。婚后，西拉才意识到他的精神问题，这些问题可以追溯到他的童年。蔡斯情绪极端，变化无常，并且拒绝服药。西拉并不知道，他在狂躁期还会从事犯罪活动。

当得知他的犯罪行为，后来又听说他与其他女人有染的时候，西拉便决意离婚。但是蔡斯在抑郁期会变得非常脆弱、黏人和孩子气。每当西拉准备离开他时，他就会萎靡不振，进入深度抑郁状态，抑郁之下就会试图自杀，因为自杀未遂被数次送往医院接受治疗。接下来会是一段恢复期。西拉耐心等待着，希望等他稳定下来再与他分开。可是，一提到离婚，蔡斯就又陷入了抑郁发作—恢复的循环。被困婚姻数年后，西拉终于等到一个机会。

　　这时的蔡斯因为频繁盗窃和其他罪行入狱。他入狱后竟然先后出现了一些西拉不认识的女性去监狱为他缴纳保释金。西拉还发现他有成堆的驾照，由此发现了他在倒腾非法身份证件。不久之后，蔡斯收到法院的通知，他因一桩盗窃罪、贩卖毒品罪被判入狱。这时候，西拉觉得是彻底结束这段婚姻的绝佳时候了。

　　西拉让蔡斯搬出去，刑满释放后也不要再回来。蔡斯最初欣然应允，因为外面还有很多女人想和他在一起，她们享受他躁狂期的狂荡，还乐意在他的抑郁期照顾他。但是当西拉拿出离婚文件时，他又陷入抑郁。西拉疑心他再次自寻短见，因为他说过，如果失去了西拉和几个女儿，他的人生将一无所有。有一天，当西拉在上班，女儿们在上学的时候，蔡斯回到家里，把孩子们的宠物狗锁在屋里，一把火把房子烧了。除了他有精神疾病，没有什么证据能证明是他干的，所以他并没有被起诉。

　　后来，蔡斯又开始变得躁狂，在不受控制的情绪支配下，他开始贩卖更多的毒品并非法持枪。有一天，西拉接到一通电话，电话那端的女人说被蔡斯强奸了。本来西拉还担心蔡斯不能尽快去服刑，但很快法院及时又送上了一桩指控。原来，他挑衅警方，被警察驱车全速追捕，引发枪战。最后他被关进了州立监狱。对西拉和她的女儿们来说，这段婚姻的代价就是自己的所有家当都化为灰烬。

✹ 康斯坦丝的故事

　　康斯坦丝是一名 20 多岁的小学老师，她的前夫患有永久性创伤后应激障碍。他是一名警察，在出勤时遭受了精神创伤，并因此产生了药物依赖。药物依赖也是创伤后应激障碍患者的普遍特征。康斯坦丝觉得，即便他们在一起约会的时候，他也会表现得非常焦虑不安。她并不知道他焦虑的根源是创伤后应激反应，以为他只是正经历人生低谷。康斯坦丝和他交往的时间不长，不清楚他的焦虑是否有所缓解。婚后，她发现自己如履薄冰。为了防止丈夫情绪崩溃，她必须排除每一个可能引起他情绪爆发的压力因素。他遭受着记忆闪回、惊恐发作、抑郁和愤怒的折磨，情绪波动极大。他无法持续投入工作，每工作一段时间后就得放个长假。康斯坦丝的生活基本上完全围绕着如何使他保持情绪稳定。

　　后来，康斯坦丝遭遇了性侵，她的情绪崩溃了。这个时候她很需要丈夫的安慰和支持，但他却立即离开了她。当康斯坦丝因为自己所承受的压力和痛苦，没有办法细致管理他生活的时候，他们的关系就宣告结束了。直到这个时候，她才意识到这个男人病得有多重。康斯坦丝说："由于他的病，就算和我在一起时，他的心也在别处。他整个人是支离破碎的。当我能够在旁边支持他的时候，我于他而言有存在的价值，但他没有办法为我做同样的事情。我真的希望自己能早一点了解创伤后应激障碍是怎样的一种病。"

特莎的故事

特莎是一名大学教授，她讲述了与一个有人格障碍的男人交往的故事。她说：

"我曾经认识了一个男人，他非常聪明，但是随着时间推移，我发现和他在一起我会变得很抓狂。我觉得他的言行有点怪异，但他总是辩解说，是我自己性格奇怪。我在以前的感情经历中没有遇到过类似的问题，所以，我疑惑这个男人究竟是怎么回事，为什么我受不了他，我总是感觉他在惹怒我。

"我开始询问身边的朋友，在他们眼里我的行为是否怪异。他们没有人觉得我有什么问题。后来我加入了一个互助小组，在分享会上分享我和他在一起的感受，我才意识到让我觉得不自在的原因。原来，我其实是在让自己适应他的不正常。我越是强迫自己接受，就越觉得不舒服。

"所有的一切都是围绕着他，他的兴趣，他的工作，他的那个无论何时、无论如何也要受到关注的自我。和这个男人聊天让我感到厌烦，因为他要当焦点。和他膨胀的自我打交道让我很累。他最后跟我坦白说，他患有自恋型人格障碍。由于这是一种心理疾病，也就意味着，他的人格结构就是如此，他自己也无能为力。他能学习怎样减少对别人的冒犯，但本质上，他就是这样一个自恋的人。

"这段不愉快的恋爱让我明白，爱上一个自恋狂是一件没有结果的事情。爱一个有精神疾病且只会越来越糟糕的男人，你会觉得非常无力。但通过和他相处，我的确了解到了相关的危险预警信号。以后，我如果再遇到有这种自恋人格的男人，肯定能早早避开。"

日内瓦的故事

日内瓦是一名 30 岁的律师助理，一直未婚，她讲述了和一个男人相亲的古怪故事。

"我的一个朋友给我介绍了一个相亲对象，他是一个非常成功的商人，英俊、高智商。但是在吃饭的时候，他告诉我，他要保护好自己。他经常会携带一个储物箱，里面放一把手枪，他的后备箱里也塞满了各种各样的步枪。他到底做的是什么生意，需要用这种方式自卫？很快，我就发现，问题不在于他的生意，而是他的精神。为了防止被不知名的人袭击，他将自己的地下室改成了一个重重武装的堡垒。他怀疑所有人都心怀鬼胎。他对任何东西都心怀戒备。他能够快速地说出一长串与各种职业相关的可怕事项。他怀疑周围的人在搞各种各样他不知道的阴谋。不到一顿饭的工夫，我就意识到他有偏执型人格障碍。最后他说他在接受心理治疗，但根据我的观察，就算他能恢复健康，也需要花很长时间。第二天我就果断换了电话号码。我觉得自己还挺幸运的，一感到事情不妙就立即跑了。"

凯拉的故事

凯拉是一个 32 岁的商店售货员，她讲述了自己和一个有边缘型人格障碍的男人的婚姻故事。

"爱上一个有精神问题的男人使我的生活陷入了泥沼。这个男人前一秒冷漠疏离，下一秒又开始对我浓情蜜意。他对自己的行为毫无觉察，所以心理干预也用处不大。他根本就不知道自己有多冒犯人。在社交场合中，他无礼得很，但他不觉得自己有什么错。由于他的粗鲁无礼，再也没有人来我们家做客。他不承认自己有什么问题，即便他已经被确诊有边缘型人格障碍。

"对于我们的感情，我一直有前途未卜的感觉。我要和这个一塌糊涂的男人，并且有很大可能永远都一塌糊涂的男人过一辈子吗？我必须要做出一个决断，要么继续过这样的日子，要么就寻找一段健康感情。我非常没有安全感，觉得自己就像是坐在一块随时可能会被人抽走的毯子上。我不知道我回家的时候他会是什么样子，也不知道他又和谁发生了冲突或又冒犯了谁。

"我最后摆脱了这段婚姻，两个孩子则由他抚养。他管不好我的孩子，因为他自己也像个孩子。他憎恨孩子，因为他们要抢走他自己也需要的关注。他知道，有孩子在身边，他会忍不住烦躁。我失去了很多与孩子联系的时间。他们不得不花时间照顾他们的生父，因为这个男人病得很重，他没有办法带着孩子过上正常的日子。

"但我现在已经认清了现实，如果我不能接受他现在的样子，

167

我就应该摆脱这段感情了，不然的话，我就得抱希望于他会改变。但是他的心理医生也说了，这种改变是不可能的。我现在才知道，精神疾病意味着什么样的折磨。"

🌸 莉迪亚的故事

莉迪亚是一个 24 岁的女人，经营着一家服饰店。她说：

"我和几个多少有点心理问题的男人谈过恋爱，我真的需要反省一下这些事。他们中最可怕的是一个有强迫型人格障碍的男人，他叫杰克。杰克每天都要花费很长时间在一些严苛的仪式上：整理他的袜子，整理家中的各种物件。其实，他不是在打扫卫生，他是在一丝不苟地、强迫性地整理所有的东西。刚开始我觉得能够接受，毕竟我自己也喜欢整洁。可是事实证明那不一样。看着他做一件事比别人要多花九倍的时间，真的让人难受。他非常聪明，也非常勤奋，但是他从事的却是一个完全与他智商不相匹配的寒酸工作，挣得也很少，因为他的偏执和其他精神障碍让他无法在合理的时间内完成任何一项任务。

"有一天他告诉我，他脑海中出现了很多关于我的奇怪画面，这真的吓到了我。连续好几周，我都努力跟他讲道理，说那些奇怪的幻象都是假的，我想这也许能有用。但是，一切都很清楚，他的幻想也是他有精神疾病的一种表现。我现在也成了他强迫关注的目标。我因此和他分了手。在我们相处的过程中，他并没有表现出什么不好的行为，他只是把自己弄得一团糟。不过，我也受到了伤害，我花了很长时间才走出来。我必须得反思，他最初的行为表现是多么明显的危险预警信号呀，但我却把它们解读成他只是喜欢干净整洁。那不是整洁，那是混乱。为什么我会选择这样的男人呢？这段恋爱经历让我觉得很有挫败感，在他之后，我很长时间都回避谈恋爱这件事。"

提示危险的行为清单

有精神疾病型的人有以下特征：

💣 可能正在服用各种治疗心理或精神疾病的药物。

💣 因为心理或精神问题或者是危及性命的行为被收入医院治疗。

💣 正在接受针对心理或精神疾病的治疗。

💣 进入成年期后进行过心理咨询，但收效甚微。

💣 在儿童期参加过心理咨询，但收效甚微。

💣 现在或过去曾被处以缓刑或者被假释。

💣 因为心理或精神问题领取残障补贴。

💣 总是将谈话的焦点转移到自身上。

💣 有非黑即白的思维方式。

💣 刻板，很难表现出率真的行为。

💣 相信或表现得像是认为所有的规则都是为他人设定的，自己是个例外。

💣 觉得自己非常特别，想要被另眼相待。

💣 会有一些不怕死的行为。

已经确诊下列精神问题：

1. 双相情感障碍

2. 创伤后应激障碍或者其他焦虑障碍

3. 行为障碍（从儿童期开始）

4. 反社会型人格障碍

5. 自恋型人格障碍

6. 边缘型人格障碍

7. 依赖型人格障碍

8. 回避型人格障碍

9. 偏执型人格障碍

10. 强迫型人格障碍

11. 精神分裂症和其他妄想障碍

12. 滥用药物或者药物依赖

13. 重度抑郁

（详细说明见本书附录）

如何甄别有精神疾病型男人

但凡你清楚与有精神疾病的男人做伴的下场，你就能明白，为什么我们一定要在隐约感觉情况不妙时就立即提高警惕，为什么要信任我们的直觉并果断采取行动；也就能明白，当我们觉得有什么不对劲时，即便我们不能清晰地表达出来，也需要信任这种直觉，快速撤退。我们很难在第一次和一个男人见面时就能洞察他的问题，但当我们意识到他透着奇怪的时候，一定要尽快抽身。

女性在和约会对象聊天时，要主动引导话题的走向，以获取自己所需的信息，并根据掌握的信息和本能感受，留意对方的精神疾病的迹象和症状。精神疾病有很多种表现形式，因为精神疾病的类型本就有很多。并非所有的精神疾病症状最初都很明显。也正因如此，我们需要去了解这个男人的家族病史，以便更好地掌握他的心理和

171

精神状况。有些精神疾病具有家族遗传性，和一些成瘾问题一样。关于成瘾型男人，我们会在下一章节中谈到。当男人谈起他的家人或亲属中有谁患有精神分裂症、双相情感障碍，或存在其他由化学物质失衡引发的精神问题时，你一定要格外留心。此外，从他的家人或者其他认识他的人那里获取信息也是非常明智的做法。

很多女性会担心自己发现什么不想知道的真相。比如，如果他的兄弟姐妹中有患精神分裂症的该怎么办？就算他的兄弟姐妹里有人患精神分裂症，也不意味着你就不能和他约会了，不过这的确是一个重要的提示。提醒你，和他相处时一定要睁大眼睛。你要时刻谨记这一点，随时观察他是否也有类似的症状出现。

在我做咨询过程中，面对有交往危险男人的倾向的女性时，会实施开放政策。也就是说，来咨询的女性可以将自己打算与之认真发展的男人带到我面前，这样我就可以分析他们的关系。我希望来访者自己在咨询的过程中能学到足够多的关于危险和病态男人的知识，以后就能加以防范。但她们如果对遇到的男人无法做出准确的判断时，就可以把对方带过来，进行两次或三次双人咨询。之后，我会私下给她一些反馈，并针对一些重大隐患给出提醒。大多数时候，我的女性客户都能够提高警惕，留心对方，留心自己的危险预警信号，留心任何令自己感到不适的地方。也因此，她们后来大多都筛选到了更加靠谱的伴侣。但是也有例外。有一位女性叫特丽莎，她来我这里进行了两年的心理咨询，既为了治愈前几次恋爱给她带来的伤痛，也为了治愈自己因童年受到虐待而留下的心理阴影。有一天，她带来了她新认识的男朋友泰德，他们是在教堂认识的。咨询后，我提出了我的担忧，告诉特丽莎，这个男人有一些心理问题。

两周之后，泰德强暴了特丽莎。

你也可以向心理专业人士咨询你心中的疑惑。去参加一两次单人咨询，跟咨询师谈一谈你在男方或者是你自己身上发现的心理问题的征兆。如果你想和一个新结识的男人进一步发展，我强烈建议你在交往初期带他进行几次双人咨询。心理咨询师可以帮你看清，这个男人身上和你们的感情中存在的问题。如果一个男人真的在乎你，也想和你认真交往，他肯定乐意与你携手去见心理咨询师。你可以实话告诉他，你之前经历过非常不健康或糟糕的感情，所以你想确定，这一次恋情是对的。如果他表现出强烈的抗拒，这中间可能就有问题。一个男人不会无缘无故抗拒见心理咨询师，通常，他害怕的是心理咨询师看清他身上的问题。如果是这样，你更需要听一听专业人士的意见。

还有一种非常有效的防御技巧是主动了解精神疾病的症状。你可以参加心理学速成课程，或者是阅读一些心理自助书籍，这能够让你对可能遇到的心理问题或精神障碍有一些初步的了解。

另外，其他女性也是非常有用的信息渠道。和交往过有精神疾病的男人的女性聊一聊，看看她们的感情是怎么开始的，她们又是什么时候意识到对方有问题的，这些男人都表现出怎样的症状，她们的感情又是怎么结束的。

此外，你还可以找一个能对你直言不讳的朋友作为军师。通过她们的帮助，你可以看得更仔细，思考得更清楚。如果有朋友能够当面质疑你，告诉你你交往的男人不怎么样，你一定要珍惜这个朋友。不过，不要选择被动依赖型女人作为你的军师，她们自己可能还和各种危险男人纠扯不清。你可以找一个只愿与正常男人交往，并且知行合一的女性朋友，听听她的意见。

女性们的领悟

西拉的反思其实非常典型。她说：

"我本身就在医疗系统工作，我应该比任何人更能发现他的问题。和他交往期间，不仅他本人承认，他的精神科医生也确认，他有长期的双相情感障碍。从我的角度来看，这个疾病本身就是一个非常大的麻烦，我知道这种诊断结果意味着什么，但是，我当时觉得，我可以做他一辈子的全职护士，我的医学知识可以帮助他。其实，如果一个精神存在问题的人照顾不好自己，那没有人能照顾好他。无论是我们的婚姻，还是他说的对孩子的爱，都没有办法让他控制好自己的精神障碍。

"从我意识到他的行为不正常，到我知道他确诊双相情感障碍，再到我们结婚，这之间隔了不少时间。如果我当时能够实事求是地告诉自己，我的人生会因为他的行为而变得越来越失控，我本该有足够的时间认识到自己在做糊涂事。我觉得精神疾病的主要问题在于，那些能够激励正常人向善的东西在他们身上不起作用。他们的神经系统构造和我们普通人的不一样，我们理解不了他们。和他们沟通注定是无效的。我的家人给他营造了一个稳定、安全、支持、有爱的环境，我觉得他能够感受到，但是他就是无法在行为上做出改变。帮他对抗他自身的障碍是没有用的。一个会烧掉你的房子、违法犯罪的男人，没有人能应付得了。我知道，不是所有的双相情感障碍患者都像他这么疯狂，但是他们的病肯定会影响你的生活。和一个有精神疾病的男人谈感情，你的生活就不可能不受影响。我现在对精神疾病这个问题已经有了新的认识。"

凯拉说道：

"我本来应该多查一些资料。当心理咨询师说他有边缘型人格障碍的时候，我该去查一查这个障碍究竟是什么。如果医生说他患有前列腺癌，我一定会上网寻找关于前列腺癌的资料。但是，一听到是精神疾病，我就不愿花时间做功课了。我当时觉得，我如果去查证，就相当于在扒他的伤口，在侮辱他。可笑，最后恰恰是这个伤口毁了我的生活。

"我现在知道，当一个男人被诊断出一种我不熟悉的病症时，这就是一个危险信号，我应该多花点时间去了解这个病。当我真正了解边缘型人格障碍的相关知识时，我才发现很恐怖，却也写实。关于那些症状的描述，在我的生活中都得到了验证。如果我主动选择和一个精神失常的男人生活在一起，我至少应该提前知道我所选择的生活究竟是什么样子的。如果我早了解到这些，我肯定不会嫁给他。他的病情实在过于严重，他让我和我的孩子们付出了惨重的代价。他的精神世界一片混乱。对此我也觉得很难过，但我帮不了他，而且他已经严重影响到了我自己的生活。但凡我对边缘型人格障碍有足够的认识，我都不会让自己和我的孩子冒这么大的风险。有一些心理和精神问题，尤其是一些病理性的障碍，一旦患上就意味着不能结婚，无法承担养育孩子的责任。我爱上的那个人就是这样的。"

第八章

成癮型男人

成瘾者终其一生都要与自己的欲望斗争。即便有些成瘾者已经戒瘾，后面也会持续地复发，无论他们是物质成瘾还是行为成瘾。

一段长期的清醒并不意味着他已经解决了与成瘾有关的所有问题，也绝不意味着成瘾者已经具备了任何经营情感关系的能力。

有些爱玩、爱派对的男孩似乎能给你带来欢乐，但读完本章你就会明白，无论是给你还是给别人，他带来的都绝非欢乐。

派对男孩

面对这种类型的危险男人，女性会产生两种截然不同的反应，要么觉得可怕，要么觉得无所谓。我们可能会害怕这种男人给我们的生活带来痛苦和灾难，也可能会觉得他们没有什么可怕的，对我们构不成什么威胁。很多女性之所以投入了成瘾型男人的怀抱，是因为从一开始就对他们没有警惕之心。有些女性甚至不知道成瘾具体是什么意思。

成瘾可以大致分为两种类型。我们所熟知的只是其中一类，也就是一些明显有害的成瘾，如毒瘾、酒瘾、赌瘾和性瘾。另一类则包含我称之为"伪勤奋"成瘾的东西，比如对工作或者是勤奋的沉迷。我们通常不认为这是一种成瘾，因为我们中的绝大多数人都信奉着勤奋工作的伦理观。还有什么品质比辛勤工作更值得称赞呢？但是，当这些行为变得具有强迫性，它就能产生一种真正具有毁灭性的行为模式。

伪勤奋成瘾有好几种形式，有些人沉迷于工作，连陪伴家人的时间都不愿意留出，也就是人们常说的工作狂；有些人过度追求成就，对他们来说，取得再大的成绩都是不够的；有些人苛求自己和他人的完美；有些人则不断地寻求外部的认可。还有一种更加隐蔽的伪勤奋成瘾。有这类成瘾的人会殚精竭虑地拯救爱人或家人，他们的爱人或家人通常也是某种成瘾者。他们的拯救表现为不让他们的爱

178

人或亲人为自己的行为负责。通常，几种不同类型的伪勤奋成瘾会在一个人身上同时出现。同样，无论男人还是女人，都可能是各种类型的成瘾者。

表面上来看，伪勤奋成瘾并不像一般的成瘾问题那样让我们联想到一些危险行为。无论是成瘾者本人还是他的家人，甚至可能对他的这种成瘾感到满意，因为这种瘾可能会带来成功、金钱，能够收获关注和认可。相比之下，另外一种成瘾问题不会有任何有益的产出。这类成瘾者可能一无所有，他们保不住一份工作，把大量的钱都花在赌博、毒品、酒精、色情或者追求刺激的行为上。但是，如果你和伪勤奋成瘾者生活过，就会明白，和另一种成瘾一样，伪勤奋成瘾者给他本人和家人造成的伤害同样巨大。

你可能会觉得辨别一个有成瘾问题的人很容易。但有时候，在一个家族内部，在几代人的实践之下，某些成瘾行为已经被合理化为正常行为。子孙们长大后，都继承了前辈这种生活方式，这时候，这些瘾俨然成了家族传统，成为个体或者整个家族的某种身份认同。有些家族在经营生意的过程中，所有家庭成员都宵衣旰食，牺牲了全部的家庭生活。有些家庭成员在赌场、赛马场、家族经营的酒吧、夜总会等场所工作，这类生意的兴隆离不开客户对商家提供的服务上瘾，而经营者对提供服务上瘾。在这样的家族中，若是追逐工作之外的东西，或者不"献身"于这个瘾，就是对前辈和家族的背叛。

有时候，我们会对一些人身上的成瘾问题视而不见，因为我们觉得，他们不像是成瘾者。如果你遇到一位 80 岁的老妇人，她偶尔在一家大型赌场调酒，你会想到她是一个酒鬼和赌徒吗？但事实上，世界上就是有这样的人。这位老人赌的项目多种多样，狗、马、体育赛事、宾戈、各类抽奖，只要是有赔率的东西她都赌。每周五下午，她都会去赌场，直到周一再返家。在那期间，她跳舞、狂欢、打扑克、赌博，还上一两次班。见到她的人，无不惊讶于她这么高龄还能过着如此精彩的生活。但实质上，她就是一个成瘾者。她家庭中的很多成员也像她这样在赌场工作。这种生活方式似乎成了他们的家族文化传统，他们传承的瘾，则被抹平成了正常行为。

举这个例子，我只是为了强调一个事实：在女性的生活中，瘾的影响很大。这不仅是因为，女性可能会和一个成瘾者交往，还可能是因为她自己或者家人也是隐秘的成瘾者。如果一个女人的家庭传统中包含了一些隐蔽的或者是明显的成瘾行为，她就更容易被男性成瘾者吸引，并由此食得恶果。

只要简单了解过成瘾，就会明白，一个人一旦成瘾，他或她周围的每个人都会受到影响。即便你只是抱着随便玩玩的态度和一个成瘾者约会，也会被他的生活方式冲击。因为所有的成瘾都会对生活造成破坏。成瘾者终其一生都要与自己的欲望斗争。即便有些成瘾者已经戒瘾，后面也会持续地复发，无论他们是物质成瘾还是行为成瘾。我们经常看到，成瘾者在深度成瘾期和清醒期（也就是没有使用成瘾物质或实施成瘾行为的时期）之间反复横跳。进入一段清醒期并不等于完全解决了成瘾问题。即便清醒了 20 年，仍然有可能会复发。另外，还有一种常见的情形是，成瘾者更换了成瘾的对象，比如说戒了酒，却开始对药物成瘾。此外，一个成瘾者即便不再使用令他上瘾的药物，或停止了他所上瘾的行为，他失能性的、破坏性的或者是低功能性的行为也仍然会持续。一段长期的清醒并不意味着他已经解决了与成瘾有关的所有问题，也绝不意味着成瘾者已经具备了任何经营情感关系的能力。这种现象也被称为"醒酒鬼"行为，即便成瘾的物质不是酒精。一个所谓"已经断瘾和清醒"的成瘾者，在情感和亲密关系方面可能仍然是一团糟。

如果你指望一个成瘾者带你出门去度假，那就趁早醒醒吧！成瘾行为会将个体和家庭的经济资源洗劫一空。如果是伪勤奋成瘾，被劫掠的则是时间资源。我们经常会看到成瘾者隐瞒自己的财务状况。赌博、色情作品、性、毒品和酒都价格不菲，但成瘾者总是舍得在上面一掷千金，并且越花越多。这是因为成瘾的本质已经决定了成瘾者对成瘾物的需求量会不断攀升。所有的成瘾都是渐进性的，这世上就不存在什么倒退性成瘾。

如果你不介意对方只是偶尔在成瘾物上开销巨大，那么你再了解一条现实的数据：据估计，有80%的家庭暴力事件都是在药物或酒精的作用下发生的。成瘾者的问题决定了他很难始终如一地尊重你。

某些精神疾病的人尤其容易成瘾。患有双相情感障碍、创伤后应激障碍、重度抑郁症或者边缘型人格障碍的人，往往伴随成瘾行为，也很难戒瘾。关于这些精神障碍的描述详见附录说明。除了这里所描述的以外，还有其他可能经常伴有成瘾行为的精神疾病类型。要想了解更多关于成瘾和精神疾病方面的知识，可以去咨询心理或精神健康专家。

成瘾的类型

成瘾的类型有很多，下面只简单罗列了几种常见的。一个人可能对下列的一种或多种物质或行为上瘾。

※ 毒品、药品

※ 酒

※ 食物

※ 赌博

※ 性行为、淫秽作品

※ 成就、工作

※ 赞美、完美主义

※ 刺激、危险、混乱、戏剧性状态

他们的目标女性

那些自己就滥用药物，或者原生家庭中父母一方或双方都滥用药物的女性，对成瘾者却未发展出特别的警惕，这似乎是一种反常现象。她们之所以会沦为成瘾者的猎物，是因为在她们眼里成瘾行为再正常不过。那些在有成瘾问题的家庭中长大的女性总是信誓旦旦地说绝对不会和瘾君子约会，但事实上，她们却一次又一次的因为被蒙蔽或知情却有意地选择了这类男人。

对于一个成瘾型男人来说，伴侣的首要特质就是不唠叨或埋怨他的瘾。所以，那些本身也有成瘾问题的女性是他的首选，即便她上瘾的东西和他的不一样。第二种受成瘾型男人青睐的女性是在有成瘾问题的家庭中长大的女性，即便她们本人不是成瘾者。这类女性知道成瘾者的伎俩和伪装，清楚和成瘾者在一起要付出什么。成瘾者和这类女性有共同的经历和共识。

成瘾型男人喜欢那些长期遭受痛苦，并且愿意相信他最终会戒瘾的女性。很多成瘾者发誓承诺他们会戒，并且也在积极行动，即便他们没有成功，态度仍然格外真诚。如果一个人正深度成瘾，或者刚刚戒断，也要等到很久之后才能在行为、工作、经济和感情能力方面有显著的改善。即便成瘾者停止了令他上瘾的行为，或者放弃了令他上瘾的物质，真正的改变也不会立即发生。所以，那些能够高度容忍伴侣失业以及强烈的情绪风暴的女性，那些甘于降低自身需求的女性，都是成瘾者的目标。

如果一个女人在儿童时期曾遭受虐待，或者在成年后遭受过暴力，也会格外被成瘾型男人吸引。还有，无论任何形式的暴力，其后果都是让女性倾向于选择一些病态的关系，以重演她早期的情感创伤、身体创伤或者性创伤。和一个成瘾者相处会让女性本身的需求被压抑，这种压抑与她过往遭受虐待所引起的情感创伤有着极大的相似性。

他们为什么能得手？

成瘾者的危险性和他们能得到女性青睐的原因，并不总是显而易见的。如果一个人不了解成瘾方面的知识，理解这个现象就很困难。

有些女性不知道成瘾的症状，因为无知而成了成瘾者的猎物，但也有很多女性明明知道对方的成瘾问题，却仍然和他们确定感情关系。因为她们不相信这个男人的瘾会给自己带来危险，即便她们知道这个男人所上瘾的东西会伤害她自己。此外，如果女性不能直面自己与男人交往的真正动机，比如有的女人自诩"和他在一起只是玩玩"，那么很可能迟早遇到成瘾者。保持天真绝不是一项生存技能。另外，还有一些女性认为自己担负着拯救成瘾者或者让他清醒起来的重任，她们相信可以用爱感召瘾君子回归正途。

一个重度成瘾者之所以还有本事把女性留在身边，是因为他们会承诺戒瘾，但实际上他们要么不信守承诺，要么只是换一种上瘾的东西。很多成瘾者都有多种上瘾的物质或行为，这些瘾交替显现或隐去。女性通常会觉得她们的伴侣已经完全戒断，殊不知，不同类型的成瘾有不同的症状和表现。不仅仅是成瘾者的伴侣会被愚弄，戒瘾未果的成瘾者本人甚至也会这么认为。如果他有药瘾，现在改成了喝啤酒，那么他就会觉得自己已经戒药成功。这种以彼瘾代替此瘾的做法包括用性瘾或食瘾代替毒瘾或酒瘾，用实施不加保护的性行为的瘾代替追求刺激行为的瘾，用脚踏几条船或赌博的瘾代替工作瘾。

复合型成瘾的周期可能需要很多年才会完全显现。一个女人看到她的伴侣不再酗酒，心中充满希望，但最终却发现他染上了毒瘾。每一轮成瘾的转换都会花费很长的时间，当她觉得男人进入了一段清醒期，但实际上他只是转换了自己的成瘾物质。或许也可以说这类女性本身也是成瘾者，只是令她上瘾的东西是"希望"。由于很多成瘾者都对自己的成瘾行为有所隐瞒，所以当你遇到这种男人的时候，你通常无法知晓你的钱财、身体或情感什么时候、或者是否会受到他的伤害。从娜塔莎的故事（见第六章隐藏秘密型男人），我们可以知道，成瘾者的行为可能会对伴侣的个人健康——无论是身体健康还是情感健康——产生毁灭性的、终身的影响。不要指望一个正处于成瘾活跃期的瘾君子会跟你开诚布公，否则你会付出巨大的代价。

　　我所接触过的每个曾经与成瘾者谈过恋爱或结婚的女人都说过同样的话："在他不接触那些东西的时候是世间最好的人。"成瘾者在清醒期的日子里可能非常迷人。如果不是因为这20%的时间里的天使模样，哪个伴侣又能容忍他在80%的时间里的狰狞面孔呢？温暖、美好、大方、善良、洒脱、可爱，无论你给他多少溢美之词，都要记住，在绝大多数的时间里，他们就只是个瘾君子，而他们的成瘾行为会让你备受伤害。他们可能一辈子都无法摆脱现在的挣扎。只要一个成瘾者还在接触令他上瘾的东西，就一定如此。成瘾者的康复之路漫长而曲折，而在这一路上随之消耗掉的，是迷途的女性和孩子们的人生。

安妮的经历告诉我们，对成瘾者动真心可能会让一个女人的生命无止境地向下坠落。

安妮的故事

安妮有几个酗酒的家人，她觉得她对物质成瘾已经有了足够的了解。高中期间，她刻意避免与在派对上饮酒过多的男孩子交往。相反，她选择了博比。博比是她的高中同学，并且是她的多年朋友。博比身材魁梧，性格非常讨喜，人见人爱。高中毕业后，他们两个人都上了大学，两人在回老家时重新获得了联系。从那时起，博比身材逐渐瘦了下来，心理也走向成熟，这时候他们才开始正式交往。

安妮也曾参加过大学派对，她知道那是什么场合，她偶尔也会放纵一下自己。不过，她觉得自己喝酒纯粹是小酌怡情。毕业后她进入医疗系统工作，肩负着医务工作者的职责，此时饮酒作乐对她的吸引力也逐渐褪去。

此时，安妮和博比已经是多年老友，也交往了两年。他们决定结婚。安妮在医院上白班，从下午 3 点到晚上 11 点，而博比则一直在各处打零工。安妮不知道博比为什么不能够找一份稳定的工作，她觉得也许是因为他还没找准自己的职业方向。博比并没有像安妮一样完成大学学业，实际上他坚持到底的东西并不多。安妮一直陪着他，帮助他在就业市场寻找自己的一席之地。

后来，博比成为了一名夜班服务生。当安妮 11 点下班后到家基本上见不到博比，他经常要工作到第二天早上。安妮对凌晨 3 点钟还有人出去吃饭感到很费解。不久之后，博比拿回家的钱越来越少。他的理由是，收到的小费太少，晚上生意差，或者是休了一天假。

不久之后，安妮就开始独自养家，养他们两个人。她很快发现，博比之所以缺少稳定收入，是因为一直在酗酒和吸毒。

作为护士，安妮利用自己的专业知识几次三番劝说博比进行治疗。他开始进入康复中心，出来后正常生活几周或几个月，接着又会复吸。年年如此。最后通牒下了一遍又一遍，又破了一遍又一遍。康复中心的账单也越叠越高。

再后来，博比甚至常常被抓进警局，都需要安妮去保释他，她甚至没有办法专心于自己的工作。她经常会担心博比的毒瘾，这种担心也使得她的工作表现受到影响。最后，安妮忍无可忍，结束了这段婚姻。

几年之后，她听说博比仍然在与自己的毒瘾作斗争，已经无家可归，四处流浪了。博比的结局让安妮很难受，但是她并不后悔结束这段婚姻，因为不这么做的话，一起葬送掉的还有她自己的人生。

下面介绍的几位女性，她们的故事也出现在其他章节，她们的交往对象也各有其成瘾行为。

娜塔莎的故事

在第六章"隐藏秘密型男人"中，我们介绍了巴克和娜塔莎的故事。让巴克上瘾的东西是性行为和淫秽作品。成瘾往往伴随着精神疾病，巴克就被诊断患有自恋型人格障碍。成瘾作为一种危险特征，很少单独出现。成瘾型男人的身上往往具有多种危险特征，这也是为什么与这类男人产生感情，女性要面临极大的风险。

西拉的故事

在第七章"有精神疾病型男人"中，我们讲述了西拉和蔡斯的故事。让蔡斯上瘾的是刺激、危机、混乱和戏剧性体验。他还偶尔沾染毒品。蔡斯同样也患有精神疾病，他被诊断患有双相情感障碍和反社会型人格障碍。

艾米的故事

艾米的故事出现在第九章"施虐型或暴力型男人"中。艾米分享了他与一位著名教授的感情故事。这名教授有精神异常和暴力倾向，并且酗酒。他甚至还有着隐秘的一面。白天，他在一所颇负盛名的大学里任教，其他时间就纵情于酒。很多成瘾型男人还同时有着不为人知的另一面。如果他没有将自己的成瘾行为暴露出来，那么就是在偷偷地沉沦。艾米的故事告诉我们，不同类型的危险男人可能会有叠加的危险特征。

蒂娜的故事

　　在第五章"心不在焉型男人"中，我们了解到，蒂娜的几位前任都是伪勤奋成瘾者。这类成瘾也造成了他们不能爱蒂娜。伪勤奋成瘾者带来的伤害不比其他类型男人的少。蒂娜曾交往过的这些男人要么狂热地追求职业上升，要么刚出大学就踌躇满志想出人头地。可惜，人的潜能永远无法全部被发挥出来，所以，他们注定会不断地加大努力程度。他们从来不在蒂娜身上投入时间，这也正好暗合了蒂娜本人的低自尊水平。蒂娜说："我的感情结局总是如出一辙，我所得的正是我所求的，而我所求的是'无'。他们沉迷于工作，在他们眼里，我连第二都排不上。我曾经暗暗发誓，永远不会碰一个瘾君子。因为我知道瘾君子的生活是一团乱麻。但造化弄人，我所选择的男人本质上也都是瘾君子。"

　　我们必须明白，一个人无论是对什么上瘾，这种瘾都会蚕食这个人的生命力，最终占据他的世界的全部。也正是这个原因，成瘾者没有能力再给伴侣提供情感回应。我见过的成瘾者中，很少有人能够给身边的人提供情感价值，因为他们觉得别人只会妨碍自己在瘾中狂欢。

提示危险的行为清单

成瘾型男人往往会有下述表现：

💣 每天周期性地或大量地使用成瘾的东西，或者实施成瘾的行为。

💣 将大部分的时间、金钱或者心力都花在成瘾物或行为上面。

💣 如果不能使用成瘾物质或者实施成瘾行为，就会情绪失控或态度大变。

💣 因为成瘾问题而失恋、失业或者失去其他重要的东西。

💣 隐瞒自己使用成瘾物或实施成瘾行为的事实。

💣 隐瞒自己的行踪，以便偷偷使用成瘾物或实施成瘾行为。

💣 不想讨论自己的成瘾物或成瘾行为。

💣 不愿意戒断。

💣 过去有其他类型的成瘾问题，或者家人有成瘾行为。

💣 永远将自己的成瘾物或成瘾行为优先，把身边人都排在后面。

💣 对成瘾物或成瘾行为的态度让你感到不适。

💣 成瘾问题有可能，或者已经危及健康，或者导致他的社会关系恶化。

如何甄别成瘾型男人

　　成瘾，甚至包括伪勤奋成瘾，往往有家族聚集的特征。如果你想一眼看穿一个人是否有成瘾问题，或者避免错误地将其视为正常，你首先要检视你自己的家人或者你过往经历中，是否存在或曾经存在或隐蔽或明显的成瘾问题。在我的研究中，那些分不清成瘾者的女性，要么有家人是成瘾者，早已习惯了与这类人在一起，要么从来没有遇到过成瘾者，因此不知道应该注意什么。本章我介绍了成瘾者的典型特征，以便那些不熟悉成瘾问题的人能够有所警惕。

　　如果你想检查自己或家人是否曾经存在成瘾问题，不妨参加戒酒互助会或者其他的一些成瘾问题互助项目。戒酒互助会面向酗酒者的家人和朋友开放。除此之外的许多成瘾问题互助组，都以治疗某类成瘾为宗旨。这些组织可以帮助你识别自身或家人身上存在的特殊行为，以帮助你评估是否存在成瘾。有一点需要注意，成瘾者通常会被成瘾者吸引。一个经典的组合是对恋爱关系成瘾的女人，常常会与对酒或药物成瘾的男人在一起。

　　当你检阅过自己的生活和家族历史，明确了是否存在明显或隐蔽的成瘾问题，你就能够以一种崭新的角度观察这类危险男人了。想要甄别成瘾者，你必须了解成瘾的特征，无论是在你的家庭之中，在你自己身上，在那个男人身上，还是在他的家庭之中。如果你能够清晰地描述出你的家人存在的成瘾行为，也就更容易识别一个潜在的危险男人身上所表现出来的这些成瘾特征。

　　如果你的家人是成瘾者，那么相比其他女性，你更有可能会交往到一个成瘾者，重现原生家庭的局面。但是，通过阅读本章，通过检视和反省你家族中的生活模式，你可以创造一种侦查策略，以更高的警惕性辨别试图闯入你生活的成瘾者。为了提高甄别能力以预防和瘾君子纠缠在一起，你可以考虑去进行心理咨询或加入成瘾问题互助会，或者找朋友帮你盯梢。

　　一个重度成瘾者，绝对不值得你考虑。但是处于清醒期或恢复期的成瘾者要不要考虑呢？对于这类男人，我的建议是要慎重。正如我在前文中强调的，你一定要记住，一个人就算不再使用所上瘾的物质，或不再实施上瘾的行为，也并不意味着他不会重拾恶习。即便一个成瘾者一直保持清醒，也并不意味着他就具备了经营人际关系的能力。

不过另一方面，的确也有很多成瘾者，成功地恢复并保持了清醒状态，实现了情感能力的成长，发展出了良好的人际交往能力。我在第十一章中介绍了哪种男人不值得作为婚恋对象考虑，以及健康关系和不健康关系之间的一些区别。第十二章中罗列了一些普遍的危险预警信号。提前让自己熟悉一下这些内容，不失为明智之举。这些内容可以帮助你更准确地评估一个清醒期的成瘾者是否适合作为婚恋对象。

米兰达的故事

结婚二十五年的米兰达和丈夫离婚了。除了前夫，米兰达还从未和其他男人谈过恋爱。离婚不久，米兰达遇到了罗伊。罗伊曾经酗酒，现在已经戒了。十五年以来，他一直参加戒酒互助会，频率保持在每周三次或四次。罗伊细心抚慰米兰达离婚的伤痛，并将自己在戒酒互助会得到的一些领悟跟她分享。米兰达深深地爱上了罗伊，可是罗伊却不想将这段感情更进一步。米兰达问他为什么，他解释道："我不擅长经营关系，我害怕恋爱，我不想对一个人做出承诺。"米兰达询问他是否愿意和她一起参加恋爱咨询，看看能不能克服他对亲密关系的恐惧。罗伊说："我多去几次戒酒互助会，事情总有一天能解决的。"米兰达指出，他已经连续十五年每周参加数次互助会，可是到目前，他也没能建立起一段严肃的感情。很明显，他需要的不只是这种互助交流。罗伊拒绝接受情感咨询，他们的关系也就此戛然而止。

除了第十一章和第十二章的内容外，如果你正在考虑要不要接受一个清醒期或者恢复期的成瘾者，可以参考下面的指导原则。

※ 你要明白，即便是长达数年的清醒期，也并不保证一个人余生都能
　保持清醒状态。

※ 判断一个男人整体的人际关系经营能力，而不是他的清醒期长短。

※ 评估他现阶段人际关系的健康程度，比方说和朋友、孩子、前妻或
　前女友、父母之间的关系。

※ 观察他的沟通能力。看他是否会通过过激的行为、沉默或是愤怒来
　表达自己的需求。

※ 看看他是如何戒瘾的。他是否参加了互助会？还是参加了心理咨询
　或是群体治疗小组？

※ 询问他对戒瘾一事的看法，看看他能否清醒地认识到，成瘾问题带
　来的影响是终身的。如果他的认识不切实际，也就不可能坚持参加
　咨询或互助会来维持自身的康复。

　　女性富有同情心的特征往往使她们受到成瘾型、有精神疾病型或寻求抚育型男人的伤害。这些危险、病态的男人，最喜欢的就是这类女性。她们在了解到男人的过往后，认为他需要爱、需要同情、需要管理，并且她们愿豁出一切去滋养、救赎对方。但是，要谨记本书反复输出的一个观念：危险男人身上的“病根”是无药可救的。这句话适用于所有成瘾者。拯救一个人不等于要和他确立婚恋关系。时间会让女性醒悟：付出一生去拯救他人，等待他清醒，只会耗尽自身的情感。在托付真心之前，要学会识别成瘾者，这样你才有可能避开那种令人绝望的拉扯。

　　为此，你必须尽早识别出危险预警信号，让自己在沦陷之前快速撤离。我在关于危险预警信号的那一章里已经说过，觉察到一点蛛丝马迹就全身而退，绝对好过以身试险、遍体鳞伤后再狼狈退场。

女性们的领悟

安妮自述：

"我和他在一起完全是因为我对成瘾一无所知。我不知道他在滥用药物！但是我后来知道了。每个人都有机会重新来过，选择让双方都开心的生活方式。你花了多长时间和那个人在一起，主要取决于你，而不是那个成瘾者。他只是在做自己疯狂想做的事，就是不停地用药。对我来说，重要的是，这段经历教会了我怎样尽早看穿瘾君子的真面目，而不是痛彻心扉后才知道他有大问题。我担心自己下一次还会遇到这种男人。我希望这种事情以后都不会发生了。我参加了戒瘾互助会，我想要了解我自己，想要了解我为什么会选择这样的男人，为什么在了解了真相后还继续和他在一起生活了那么久。女人选择男人，这种选择所折射出来的也有我自己的问题。我本能地想把这一切都推到他身上，推到他的恶习上去。但事实上，我并没有在知道事情真相后，选择第一时间离开。所以，很明显我自己对结果负有责任。

"我还是很幸运的，我没有丢掉工作。很多女性和成瘾者在一起后会努力地去拯救他，甚至因此把自己的人生也葬送了。我想告诉姐妹们的是：如果你真正关心自己的生活质量，就一定不要和成瘾者在一起。和这种人在一起毫无生活品质可言。如果你陷入了这样的感情，你会明白，你要付出血、汗、泪的代价，甚至还要损失很多其他的东西。如果你有孩子，让孩子和你一起经历这些太可怕了。女人一定要尽早看出男人身上的瘾，一旦发现就要果断离开，另作选择。人类通过亲身经历而学习成长，但我们不需要深陷泥沼去接受'沉浸式教育'，我们的孩子更不需要。大多数时候这都是双输的游戏。你离开这个男人，或者从一开始就不和他确立关系，对他自己的生活和康复来讲也都是最好的选择，但是很多女性往往需要付出极大的代价才能明白这一点。"

安德莉亚的故事会在下一章中介绍。安德莉亚交往的男人叫洛基，他精神异常，有暴力倾向，并且还有成瘾问题。安德莉亚这么说：

"我曾经爱那个男人爱到痛彻心扉。对他，我宁愿躺在路上让卡车撞死，也不想离他而去。我觉得他需要我，需要我爱他，我觉得自己可以用爱把他拉出困境。所以，我爱得越来越猛，爱得越来越深。我为了他掏空自己。直到有一天，福利院把我的孩子们从我身边带走了！这本来应该是一盆足够可以把我泼醒的凉水。可是现在丢掉了孩子，以后还要丢掉谁，这个男人才能变好呢？谢天谢地，我后来醒悟了过来。因为他的成瘾问题，我们已经付出了很大的代价。尤其是我的孩子们。他们被迫跟这样的人生活在一起，只是因为他们的妈妈疯狂地想用爱拯救这个无可救药的男人。这些路都是我自己选的，多么离谱的选择！"

我在第六章中介绍了娜塔莎的故事。娜塔莎的丈夫既是性成瘾者，也是精神障碍患者，同时也是一名隐藏秘密型男人。在谈到这段婚姻时，娜塔莎说道：

"我感染艾滋病的风险有多大？有人告诉我是接近百分之百。染上这种可怕的东西，我还怎么样过日子，怎么工作，怎么走入新的感情？我的整个人生都有被毁掉的风险。可怕的真相都摆在我的面前。本来，这应该是一个足够大的危险预警信号，也是一个很好的离婚机会。这时候我离开，谁会怪我？但是我没有，我还是继续往婚姻的无底洞里投资。现在我终于离婚了，我终于不用像以前那样担惊受怕了！"

艾米的故事出现在下一章中。艾米这样说：

"我怎么就看不到那些危险预警信号呢？我的父亲是高知，他聪明，但酗酒，而我遇到的危险男人也和他如出一辙。我一辈子都在警告自己，绝对不要和父亲那样的男人约会。我却违背了对自己的承诺。"

第九章

施虐型或暴力型男人

施虐型男人在关系之中必须要制胜，要领先，一旦你的个性或者需求威胁到了他的权力感和控制感，他就很可能会对你施以暴力。虐待并不会一开始就那么粗暴和显眼。虐待最初的表现形式可能只是一些不太起眼的冒犯，接着才会演变为性质恶劣的、覆盖几种虐待类别的行为模式。

接下来，女性们的噩梦来了。有太多的女人遇到过、约会过或者嫁给过施虐型或暴力型男人。正是因为这种男人的存在，我们才不得不去追踪家庭暴力案件和谋杀案件的数据。为什么这种男人能够不断地找到女性下手？为此，我们需要研究家庭暴力的现象。我们不仅要研究施暴男人的行为，更重要的，还要弄清楚女性受害者一开始是否遗漏了什么信号，以至于会选择继续留在这些男人身边。毕竟，如果受害者能及早逃离，也不至于在各类严重犯罪事件中频频看到在家庭中受害的女性。

毒蝎一样的男人

首先我得强调，不只是对女性进行身体袭击的男人才符合施虐型男人的定义。从塔米的故事可以看出，虐待行为多种多样，只是有一些比较明显，有一些比较隐蔽，我在下文"虐待的本质"中有详细描述。本章描述的男人，对女性会实施各种类型的虐待。女性一定要明白，无论哪种类型的虐待行为都有一个基本特征，那就是，虐待行为会逐步升级，几乎没有例外。

每年都有成千上万的女性死于与她们有密切关系的男人手上。据估计，80% 针对女性的谋杀都是由女性的男朋友或者丈夫实施的。这不禁让人疑惑，既然女性有天生的危险预警系统，怎么还会有这么多人受害呢？那是因为，很多在家庭暴力中一次又一次受到严重伤害甚至致死的女性，虽然认清了伴侣的暴力倾向，却没有彻底离开对方。她们要么试图逃离却被伴侣缠住，要么就是从未企图离开，并最终受到严重的折磨甚至死亡。如果让我用一个理由来解释为什么女性应该尊重自己的危险预警信号并做出响应，这个理由就是，如果你不这么做，就有可能成为施虐型男人的女朋友或妻子。

很少有男人从第一次约会就对女方大打出手，因为如果他们这么做了，就不会有第二次约会的机会。但是一旦双方的关系确立，暴力就会出现。暴力的起点是受害方对施害方一步步越界行为的妥协。如果一个男人在一段关系的早期就出言不逊、情绪无常，甚至是发起身体攻击，而女方却没有离开，那么她的留下就向他传达了她愿意忍耐的信号。对于一个有暴力倾向的男人来说，女性的沉默便是接受，即便女性实施抵抗，但只要她不离开，在男人眼里就是默许了他的行为。这时女性相当于在"训练"眼前的男人虐待她。很多家庭暴力受害者说，男人之所以会不断地虐待她们，是因为"他们可以这么做"。也就是说，一个男人之所以没有因为自己的暴力行径受到制裁，是因为他们的伴侣没有报警，或者就算报警了后来又提出销案，或者不予起诉，或者仍然留在或返回到了他的身边。虐待的早期表现形式是言语攻击和情绪攻击，最后演变成危险而暴力的权力欲和控制欲。和成瘾一样，暴力也是渐进性的。

施虐型男人具有膨胀的权力欲和控制欲。这些男人为什么会有如此强烈的权力欲望，在心理领域仍然存在广泛争议。但是业界至少已经达成一条共识，那就是这类男人没有建立平等关系的能力。施虐型男人在关系之中必须要制胜，要领先，一旦你的个性或者需求威胁到了他的权力感和控制感，他就很可能会对你施以暴力。这类男人往往成长于以暴力作为主要沟通方式的原生家庭。在这种家庭氛围里，他们认识到，如果有什么东西让他们不满意，解决办法就是使用暴力。

这类男人身上通常还有其他问题。施虐型男人中有一半人往往还有酗酒、吸毒或其他问题。暴力加成瘾等于潜在的死亡风险，这种风险存在于你身上，也存在于他自己身上，甚至存在于他周围所有人身上。酒精或毒品会让暴力升级。

前面我已经提到，有些施虐型男人是童年暴力的幸存者，这意味着由于他们承受过来自父母、养父母或其他照料者的暴力，可能已经出现了与这种暴力相关的情绪问题或精神疾病。有些精神疾病与暴力倾向紧密相关。被诊断患有边缘型人格障碍、双相情感障碍、创伤后应激障碍和精神分裂症的人，可能会变得暴力。认识到男人的精神疾病和暴力之间的联系决不是为他任何形式的行为开脱，而是为了让我们更清楚精神疾病可能给一段感情所带来的危险。有精神疾病的施虐型男人有着复杂的过去，包括习得性暴力、童年虐待和暴力、畸形的成长过程、重度成瘾、创伤相关的障碍以及其他心理健康问题。要为他们的暴力倾向锁定一个单一的原因，无异于从地毯上扯出一根毛线，最终线头停在哪里谁也说不清楚。

这些男人就像定时炸弹，与他们交往的女性可能永远摸不清他们暴力的起因。如果你想留下来一探究竟，可能会误了性命。我不清楚女性为什么想要弄清楚男人悲惨人生的根源，但是我知道，留下来探索这个根源，需要付出惨重的代价。

虐待的本质

我在第一章和本章的上述内容中已经提到，如果女性认为身体暴力才算虐待，那么她很有可能会错失一些危险预警信号。虐待并不会一开始就那么粗暴和显眼。虐待最初的表现形式可能只是一些不太起眼的冒犯，接着才会演变为性质恶劣的、覆盖几种虐待类别的行为模式。下面介绍的几种虐待类型，需要引起你的注意。

言语虐待　使用恶劣的言辞和巨大的音量辱骂你、威胁你、贬低你、诅咒你、恐吓你。

情绪虐待　控制和支配你，不让你自己拿主意；规定你的穿衣和行为规范；规定你可以和谁交谈，不可以和谁交谈；贬低你，将你囚禁在他的身边，削弱你独自生活的信心；批评你，摧毁你的自尊，让你没有离开他的信心；毫无根据的嫉妒；砸打、毁坏身边的物品，激起你的恐惧，比如用拳头捶墙或扔东西；公然地羞辱你，隔绝你与他人的联系，不让外人知道你的遭遇，切断你在想离开他时可以使用的外援。

精神虐待　取笑或批评你的宗教信仰，控制你与所信仰事物的联系，以及遵从信仰而践行的生活方式。或者曲解经典或教义，比方说主张"女人就应该顺从她们的丈夫"，将对你的控制合理化。

经济虐待　把控你的钱财来控制你，这样你就算离开他也带不走任何财产；隐瞒共有资产，让你没有办法离开，或者只能靠他来满足生活所需；拿走你的钱，让你身无分文，如此一来，你只有留在他身边才能获得一些钱；挥霍金钱以彰显自己的权力，却完全不给或基本上不给你什么钱。

身体虐待　包括各种形式的身体暴力，比如薅头发、掐脖子、打、踢、掌掴、推，或者捆绑或者束缚住你让你无法挣脱，使用武器，囚禁你、让你无法逃跑，绑架你或者你的孩子。

性虐待　包括对你的性器官进行物理攻击，强迫你做一些性交动作、强奸、性虐待，强迫你观看性交场面或者是色情作品。

系统虐待　违反或无视限制令，或法院下发的需要他强制遵循的命令；向警察或者社会援助机构散布关于你的谣言，以达到带走孩子或不让你离开的目的；违反儿童监护协议；不支付孩子的赡养费，让你陷入财务困境；不参与法院强制要求他参加的针对心理问题的治疗。

他们的目标女性

显然，那些愿意留下来的女性最受这类男人的亲睐。对于这些男人来说，拥有权力蛋糕并独吞是格外愉悦的。我这么说并不是要简单否认女性留在施虐型男人身边的现象，毕竟做出这个决定会有很多复杂原因。我这么说是为了从男人的角度指出为什么女性愿意留下对他很有吸引力。

施虐型男人最喜欢的一类女人是相信自己的女性。如果女性相信他所说的"我错了""我会改""我不会再犯""我会参加心理咨询""我会去教堂""是你逼我太急，我才打你的"，那么这样的女性就是暴力男人的首选。可悲的是，很多女性就在男人的拳打脚踢中傻傻地等待着他兑现那些病态的承诺。现在让我来击碎你的幻想。他是绝对不会兑现这些承诺的。

施虐型男人还喜欢另外一类女性，这类女性在受到可怕的虐待后愿意接受他们的补救。比如，只要男人送她一件珠宝，带她出去吃顿饭或者度个假，她就能够忘记上周的毒打。一旦男人发现用漂亮的话或漂亮的东西可以补偿暴力带给她的伤害，他就找到了自己的舒适区：先打一顿，再买点东西哄哄。

那些儿时在家中曾遭受虐待的女性，已经培养出了对施虐型男人的忍耐力。她清楚暴力的整个过程，熟悉这场游戏的规则。在一个施虐型男人的眼里，女人的低自尊也是一个诱人的品质。低自尊的女性把自己摆在受害者的位置上，她的世界观是"我摆脱不了，世界就这样子"。这种认命的态度让她们在施虐者的世界里"进化"出了适应能力。

施虐型男人还青睐那些曾经有施虐型前任的女性。和这类男人在一起的时间越久，女性在承受暴力方面就越适应。新任的暴力男人只需稍加调整就能让女性"甘于"被打。有的女性拒绝改变，她们认为自己只是误打误撞进入了暴力型的关系，意识不到自己是施虐型男人专门挑选的"猎物"。你撞上这类男人绝对不是一个巧合。你逆来顺受，在他看来这绝不是他的错。

他们为什么能够得手？

施虐型或暴力型男人之所以能够频频得手，原因有很多，当然，最主要是因为他们深谙此道并能够频频逃脱惩罚。但是，女性要擦亮眼睛，细心观察。因为有些不正常的男人就是擅长寻找、吸引、伤害甚至猎杀女性。当一个男人身上显示出来危险和病态的迹象时，我们必须学会正确应对。

如果你事后只是轻飘飘地说："不是我观察不仔细，是他太狡猾了。"那么你从这场关系中能吸取到的教训就会大打折扣。我认为，为了对我们当下的生活有所帮助，我们需要换一种方式看待这种遭遇。正是因为这个世界上存在着施虐型男人，我们才需要了解，为什么女性会容许施虐型男人走进自己的生活。你有多少识人之智呢？和其他类型的危险男人一样，女性之所以错失施虐型男人显露出的危险信号，是因为她们觉得自己绝对不会喜欢上这样的人。很多女性已经知道是火坑，却依然跳下去，是选择了忽视那些信号。男人擅长伪装是男人的可恶，但自己将自己置于万劫不复的境地，也不是明智的选择。

在一段感情中，一个施虐型男人最初的表现，哪怕只是持续很短一段时间，总是和他后来的表现大相径庭。一开始，他迷人、体贴、有趣、健谈，反正总有一项优点吸引你。拿他最初的美好与他最后的狰狞相比，你甚至怀疑开始的一切不过是海市蜃楼。他一开始必定是有闪光点的，不然你也不会接纳他到你的生命里来。他之所以能够成功地把女人留在身边，是因为有些女性会抓住过去的那一点美好不放，甚至忘记了现状是怎样的惨不忍睹。想要找回当初那一点爱意的执念会让女人在一段没有出路的关系中坚持数年。你可以为了过去的快乐忘记现在的忧伤，但和危险男人接触时，千万别持这样天真乐观的态度。

施虐型男人之所以能够得手，还因为一些女性会不停降低自己的底线。她们不遵循一击退场的原则。所谓一击退场，也就是，打一下，一个可怕的手势，几句难听和侮辱性的话——只要有一个让你怀疑他接下来会大打出手的表现——就应该立马头也不回地离开。

相反，太多的女性会说："你如果再打我一次……"这种抵抗无异于在沙滩上划了一条线，风一吹就没了，毫无意义。下一次，她还会说："我说到做到，如果你再打我一次……"五年过去，那条沙线早已不见，甚至两个人都忘了她划过那么一条线。

　　这些危险男人之所以能够困住女性，还因为很多女性羞于将自己被家暴的事实公之于众，她们宁愿隐瞒真相。女性留在这种致命的环境中，通常是出于对关系终结的害怕以及对被家暴的事情被他人所知的恐惧。

　　最后，施虐型男人之所以能够持续施暴，还因为即便女性离开了，她们也不会起诉他。受害者的这种沉默，对于那些参与起诉施虐者以及帮助家庭暴力受害者的工作人员来说，是一个巨大的麻烦，对于那些将来可能会与这些男人约会的女人来讲，也是一个巨大的隐患。因此，无论你是去是留，至少要给可能会遭遇这个魔鬼的人提个醒，你可以起诉他，给他留下案底，比如庭审文件、警局报告以及监禁判决。如果将来某个人针对这个男人做背景调查，就能够接触到这些信息。

安德莉亚的经历告诉我们，施虐型男人会让人付出极大的代价。艾米的故事说明，男人无论其社会背景和教育背景如何，都可能有暴力倾向。通过塔米的故事，我们了解，所有的虐待，即便不是以身体攻击的形式，其目的都是通过恐惧和震慑来控制受害者。

✿ 安德莉亚的故事

安德莉亚离婚时快 30 岁了，她要独自抚养年幼的女儿。在此之前，她一直是全职妈妈，没有什么工作经验和职业技能。离婚后，作为单亲母亲，她靠打零工来养家糊口。

不久，她认识了洛基。洛基身材壮实，是个建筑工人。他激进、狂野、桀骜不驯。安德莉亚的前夫呆板保守，她被洛基身上的这些特性深深吸引了。还没有来得及全面了解洛基过去的情感经历，安德莉亚就与他同居了。

不久，洛基的一大堆问题就浮出了水面。他经常一到晚上就开始喝酒，一直喝得不省人事，然后就会陷入狂怒的状态。但是在不饮酒的时候，洛基也会像一个正常的男人那样对待安德莉亚和她的孩子。安德莉亚把这些美好的日子攒在心里，在她眼里，他仍是"亲爱的洛基"。

生活的压力开始向洛基袭来。他失去了工作，手头拮据，他的母亲即将离世，他还因为酒驾而被吊销了驾照。没有了驾照，他去找工作也成了一个麻烦事。但是洛基仍会无证驾驶，因为他喜欢在危险边缘试探。也因此，接下来每个月都至少有那么一次，他会因为无证和无保险驾驶而被警察拦下，开罚单，进警局。安德莉亚用原本用来租房的钱去保释他。因为手头紧张，洛基逐渐成为警局的常客，安德莉亚付房租的钱就这样被他榨干了。

雪上加霜的是，他们的车子坏了，由于没钱修车，而安德莉亚的工作地只能开车才能到达，所以她不能出去工作，也无法载着洛基去找工作了。安德莉亚的孩子也不能再去参加校外活动。他们的世界被压缩在了租来的小屋里。

洛基的脾气越来越大，他开始频繁殴打安德莉亚的孩子，下手又重。他还会挥拳把墙壁砸出窟窿，用脚踢车门，有时还和其他男人在酒吧打架。他因为斗殴再次锒铛入狱。房租又被用来保释他，这意味着他们的生活费用更少了。他们的人生进入了暴力和贫困的循环。

不久，洛基殴打安德莉亚，引来了警察。安德莉亚的胳膊和胸部青一块紫一块，脸上全是伤口。洛基被强制要求参与虐待者干预项目，安德莉亚则被带去接受家庭暴力咨询。洛基觉得自己没有错，问题不在他酗酒或是他有暴力行为，他觉得一切都怪多管闲事的社会援助机构。

再后来，每周，有时甚至是每天，他都会因大大小小的事进警局。在法庭上，洛基每周平均要面对七项指控。这个家庭的所有收入都用来支付法庭支出、律师费和保释费。安德莉亚不得不去社会援助机构申领租房补贴、食物券和交通费等一切可以申领的救济金。

她学会了蹑手蹑脚走路，让孩子保持安静，并且避免一切可能激怒洛基的事情，她提前消除这些会刺激他的因素，以保证自身的安全。

但是有一天晚上，洛基又喝了酒，突然不知道为什么，他开始当着孩子的面疯狂地殴打安德莉亚。孩子想把他拉开，但是他像扔旧鞋子一样把她抡起来向墙上砸去。他拽着安德莉亚的头发，把她拖到屋里。在拖拽的过程中，安德莉亚及腰的长发被一缕缕地拽离头皮。他一直殴打她，直到她血肉模糊。

安德莉亚最后挣脱逃跑了。她晕头转向地跑过树林，蜷缩在树后面，挨到了清晨。她去了一个朋友家，打电话给亲戚，央求他们把她的孩子救出来。此时，社会援助机构已经接到了报警。社会援助机构认为，安德莉亚为了逃命，将亲生的孩子抛下，让孩子与一个暴力醉酒的男人待在一起是极危险的行为，她因此被剥夺了女儿的抚养权。

事后，洛基非常愤怒。他发誓要想尽一切办法把孩子留在他身边。安德莉亚此时仍然幻想，洛基能够通过接受心理干预，或参加戒酒互助会，再次变回那个美好的男人。但这时，她已经失去了自己的孩子。女儿被送到了收养家庭。安德莉亚每周只能去探视一小时。每次和孩子相见回来，安德莉亚都会缩在床上歇斯底里地痛哭，心情抑郁。但直到这时，她仍然相信洛基会改过自新。

洛基参加了虐待者心理干预项目，他听咨询师分析他的问题，他在解释他打人和酗酒的原因时，多次将过错推给社会救助机构。这些干预并没有获得什么效果。他又连续几周去了戒酒互助会。安德莉亚心中燃着希望，她想，他们很快会成为一个正常的家庭。但是很快，洛基又开始饮酒，在他们的生活再次陷入恶性循环之前，安德莉亚逃到了女性收容所，这一次她看到了墙上的警示语。她遇上的这个男人，已经让她失去了自己的工作、房子、车子，还有孩子。现在她拥有的唯一东西就是自己。这一刻，安德莉亚终于决定离开。我们只能希望，将来她能够真正醒悟，不要再与有暴力倾向的男人交往。

艾米的故事

艾米是独生女，她的父母都是教育工作者，他们自豪于自己的学识水平和所获得的社会成就。在艾米家中，学识和成就是基本价值观。她很早就知道，自己要去上大学，还可能要读研究生。那是父母对她的期待。

即便父亲学富五车，他身上的一些问题还是给生活造成了严重的破坏。他酗酒，在盛怒和醉酒状态下还会殴打妻子。艾米总是为她的母亲担忧，也害怕有一天父亲的拳头会挥向自己。她发现母亲经常哭泣，原来，父亲在外面还有女人，并且在谈起这些女人时丝毫不避讳。父亲的酗酒和非理性行为开始影响他的工作，他经常被停职，等到改过自新后又旧病复发，他的工作总是处于岌岌可危的状态。随着艾米年龄的增长，父亲就越讨厌她。在她眼里，父亲令人厌恶，酗酒并且打老婆。她梦想着有一天能够离开家，嫁给一个好男人，把母亲带走。

艾米获得硕士学位后，进入了大学工作。在那里，她认识了爱德蒙，一名世故的教授兼系主任。他的资历和对任何问题都能高谈阔论的能力给艾米留下了深刻印象。埃德蒙也很佩服自己，因为过于自恋，他对其他人或与其他人相关的事情都不感兴趣。刚开始，艾米喜欢听他随兴谈论，但是当艾米开始谈论自己的时候，她发现爱德蒙根本没兴趣听。

爱德蒙会陷入深深的抑郁，然后愤怒地吹嘘自己的才华，再接着开始酗酒。酗酒之后第二天，他会挣扎着起床去学校，但是一个月又一个月过去，他宿醉的次数越来越多，身体功能也越来越差，谎言也越来越多。

很快艾米就明白了，爱德蒙是他父亲的翻版。在她意识到这一点之后，立即提出了分手。但那天晚上，爱德蒙殴打了艾米。暴力，缺失的最后一块拼图也找到了。第二天早上，爱德蒙对自己的行为表示忏悔，他向艾米承诺，他会娶她，帮她攻读博士学位，让她成为教授，他还承诺将学术界的重要人物介绍给她，让艾米变得像自己一样出名。

在爱德蒙的承诺的诱惑下，接下来的一年里艾米还和他在一起。在这期间，爱德蒙的酗酒问题越来越严重。他对艾米的殴打也在继续，给出的承诺也越来越多。有一天，爱德蒙终于因为心理和成瘾问题被停职。这回，艾米彻底醒悟。她收拾好了行李，和爱德蒙告别，然后头也不回地离开了这个男人。

塔米的故事

塔米是一个 35 岁的单身作家，她知道用新的暴力男友替换旧的暴力男友并不稀奇。她说道：

"我交往过几个男人，他们都有很强的控制欲和攻击性，有时还有暴力倾向。我的第一段感情很快就结束了，在那个男人还没有表现出他的暴力倾向之前就结束了。因为当时我和我的父母住在一起，他不想面对他们。而我的上一任男朋友就是现实版的开膛手杰克[1]。他很快就表现出了对我的疯狂，他的情感来得非常激烈，我们刚见面不久，他就撺掇我与他同居，接着他开始控制我生活中的方方面面。当时我在欧洲推广我的新书，由于我去的是他的国家，所以他插手帮我张罗相关的事情。

"我和他才见面几天，他就告诉我，他经历了糟糕的童年，他恨他的父亲，当父亲去世的时候他心里毫无波澜。他还告诉我，他曾经遭受过校园霸凌，并因此受到很大的心理创伤，甚至有一年时间都不会说话。

"他还告诉我，只要我按他说的做，我们肯定能相处得很愉快。新书推介会结束后，我要返回美国，他祈求我不要离开，不要像他之前的女友那样离开他。但我一回国，他就寄给我一盒我的照片。照片被撕得好像里面的人断手断脚，眼睛被挖出来，脸上还涂了血。"

---

[1] 开膛手杰克（Jack the Ripper）：1888 年 8 月 7 日到 11 月 9 日间，于伦敦东区的白教堂一带以残忍手法杀害至少五名女性的凶手代称。

塔米的欧洲男朋友显然是一个复合型危险男人。他的精神和心理问题导致他表现出了虐待和控制倾向，以及潜在的暴力倾向。如果塔米继续和这个男人在一起，这种暴力倾向可能就会演变成真正的身体暴力。

提示危险的行为清单

施虐型或暴力型男人有以下特征：

- 轻视你、批评你、侮辱你，用语言贬低你。

- 诋毁他的前几任伴侣。

- 想要控制或主导你生活中大大小小的事。

- 对你的信仰指手画脚。

- 经常烦躁不安。

- 即便是正常交谈也会提高音量或大喊大叫。

- 当他与你或者与其他人意见相左的时候，他会大声喊叫，显得十分激动。

- 过去曾经攻击过别人。

- 曾经残忍伤害或虐待过动物。

- 曾经纵火。

- 酒后会变得暴力或失控。

- 生气时会捶墙或扔东西。

- 愤怒是他最常见的情绪。

- 将愤怒或情绪爆发的原因推到别人身上。

- 因为愤怒的情绪而无法和他人好好相处。

- 曾被强制参加情绪管理辅导。

- 曾经因为滥用药物而被强制参加治疗。

- 因为情绪爆发或打架被开除或休学。

- 与其他有暴力倾向的人混在一起。

- 无法控制情绪。

- 当被别人反驳、询问或指正时会非常生气。

- 喜欢暴力电影、电视或游戏。

- 美化暴力和破坏性行为。

- 日常喜欢使用"杀""揍""踢"等字眼。

如何甄别施虐型或暴力型男人

很多女性之所以长期被困在暴力型关系之中，很多是因为她们错失了尽早脱身的时机。在一段关系开始之初，女性是最容易安全逃离的，但这个时候，女性往往会忽视闪现的危险预警信号。当她们遭受了暴力，会把它看作偶发事件，或者认为事出有因，她们对危险预警信号充耳不闻，一定要等到如山的铁证摆在眼前。面对施虐型或暴力型男人，如果你非得等证据确凿才罢休，你会承受很大的痛苦。嗅到危险的气味并趁早逃离，要比等到危险降临再跑要安全得多。

由于暴力是渐进性的，它会升级。无论你所承受的虐待或暴力如何恶劣，它只会随着时间变得更加恶劣。在一段暴力型关系中，女性一定是越早离开越好。最恰当的时机就是在第一次暴力或不当行为出现时离开，不要回头，此时成功的概率最大。趁早和这类男人划清界限，要比和他轰轰烈烈相处三年之后再离开安全得多。时间越久，男人越容易缠着你。我再重复一遍，为了你的心理健康，甚至是为了挽救你的生命，请务必尽早脱身。

215

施虐型男人最令人熟知的伎俩就是表演忏悔和反省。他会用母亲的性命起誓，说再也不会打你，会洗心革面，会去参加心理咨询。他会找出许多冠冕堂皇的理由，解释他为什么会脾气失控。总而言之，他总能找到情绪失控的理由，包括曾经悲惨的童年故事。但是一旦你回心转意，他之前的承诺就会变成没有行动的空谈。一个女人只有离开他，斩断和他的关系，才能真正激发他去寻求帮助和持续接受帮助的意愿。这听起来似乎是矛盾的。但是，一旦你回心转意，回到他的身边，和他继续交往，开始同居，或者回到家里，他想要寻求帮助的热情和动力就消失了。因为，他已经得到了他想要的东西。他觉得既然你都回来了，他身上就没什么问题了，也就没有必要去改变自己了。再说，就算他有什么心理和精神疾病，想要治愈也几乎没有可能。

如果要确认男人是否悔改，你可以先将自己抽离出这段关系，不和他约会，要求他连续参加六个月的咨询（记住是单人咨询，不是双人咨询）。根据他的执行情况，你可以判断，他所渴望的亲密关系是不是建立在成熟、健康的情感之上。对男人提出这般要求的女性，都找到了她们想要的答案。真正满足了这些要求的男人，我一个手都数得过来。绝大多数男人宁愿放弃这段关系也不想改过自新。他的选择也能表明他是什么样的人。施虐型男人绝对不会想接受心理咨询或治疗，就算一开始勉强接受，也不会坚持到底。认清这点真相，你可能会觉得很痛苦，但是早一点看穿他的本质，总好过在他用手抵住你的喉咙时再追悔莫及。

和面对其他危险男人一样，很多女性相信自己可以改变他们，或者通过给他们营造一种零压力的环境，让他们不必再"被迫"使用武力。但是这么做根本无济于事。

　　另外还要警惕的是，暴力通常还伴随其他问题，包括双相情感障碍或其他周期性的情绪障碍、物质滥用、创伤后应激障碍、边缘型人格障碍和反社会型人格障碍。（关于这些病症的详细描述，详见本书附录。）这些精神病症可能会让施虐型男人身上已经存在的暴力问题雪上加霜。如果一个施虐型或暴力型男人还存在精神障碍或者慢性心理问题，那么你恐怕只能自求多福了！

　　如果你正在考虑一个约会对象是否适合进一步交往，你可以选择先发制人，做一些类似的背调。在美国，很多服务机构都可以帮女性调查。比如，可以从官方记录中找到很多关于他的居住地和同住人的信息。一些公开文件也可以揭示其是否有过犯罪记录、刑事诉讼、家庭纠纷诉讼、交通违章、经济诈骗、财产抵押、破产、针对当事人的保护令、性犯罪记录，以及非法跟踪、强奸、人身伤害、缓刑或者违反假释条例等方面的记录。有些信息可以从当地法院那里查阅到。如果女性考虑和一个男人确定严肃的恋爱关系或决定步入婚姻，完全有正当的理由去充分了解这个人。

女性们的领悟

塔米说：

　　"我开始感觉到，他的暴力倾向越来越明显。他说的话和说话的方式让我非常不舒服。我认识他才三天的时候，他就不想让我离开他的视线。如果那时我就离开，他对这段关系也就没有什么可指望的了。他很快开始和我讨论结婚和关于未来的打算。我开始隐隐觉得，如果我不趁早离开，可能会永远都走不掉。最初，他以一个温柔迷人的欧洲绅士的形象出现。他是每个美国女人都梦寐以求的那种男人。对于短短三天内发生的那些事情，我竟然没觉得有什么异常。我太傻了。我没考虑自己的生命安全，只幻想着和他在一起。我的直觉告诉我，我差一点就被他杀掉了。

"他很像我的陆军教官父亲，这一点已经足以让我不安。但当时，我还是无视了这个信号。我本来以为自己已经下定决心，永远不会找一个像我父亲那样的男人来控制我。然而，仅仅三天，这个男人就开始插手我的生活。

"我的妈妈曾经告诉我，在一段感情中，女性必须放弃自己的权力，因为只有男人才需要权力，如果男人没有获得权力，就会觉得自己无能。我讨厌我妈妈说的这些话。从那时起，我就开始抵制这种思想，我抵制父亲的控制欲，现在则是在情感关系中抵制男人对我的控制。我的这段感情太像一个生死局，差一点让我送了命。"

借助外援摆脱施虐型或暴力型男人

如果你意识到身边的男人有暴力倾向，你务必要为了自己或你的孩子（如果你有孩子的话）选择逃离。通过本章，你已经了解到，暴力是渐进性的，它只会越来越严重。如果在和施虐型或暴力型男人相处的过程中，你没有办法保证自己的安全，那么在这样的男人面前，你也无法保证你的孩子的安全。

寻找一切你可以用的社会资源：安全屋和收容所，这些地方能够让你在站稳脚跟、重建生活期间供你容身；法庭律师，能够帮助你提起诉讼，并在需要的时候拿出限制令文件；介绍信，能够根据你的需要帮你联系一些社会服务，包括儿童援助项目，或给你联系心理咨询服务，让你和孩子接受心理咨询；当地的支持小组，小组成员多是曾经从家庭暴力中走出来的女性；司法保护；法律援助，如果你需要诉诸法律的话。

　　终结一段存在暴力的关系，可能会给你的人身安全带来危险。因为一个女人在想要离开并且刚刚动身时，是最为危险的。你一定要明白这一点。要安全地将自己与一个危险男人剥离开，女人需要社区、司法机关、社会组织、媒体等各方人士的帮助。不要只靠自己一个人的力量，你需要一定的指引和支持，他们知道什么时候应该做什么，可以指导你在和这个男人解绑的过程中，如何保护自己的安全。

第十章

情感捕食型男人

情感捕食型男人天生就具有一项本领，他们能够一眼看出哪些女人是孤独的、无聊的、不自信的，是受过情伤的或是脆弱的。他们会伸出直觉天线，捕捉女性释放出的潜意识信号，确定女性身上未被满足的需求。

姐妹们，这种坏到没有底线的男人来了。这种情感捕手能够敏锐地嗅出女性猎物需要什么。这是他的王牌技能，他会用这个技能拿下你，收入囊中。

猎手

情感捕食型男人是最具毒性、最病态的男人。实际上，他甚至可以被称作情感变态，因为他能够凭借直觉，瞄准女人的情感弱点，并由此下手。韦氏词典将"捕猎（predatory）"定义为"为自己的利益，去伤害或利用其他人的倾向"。将"捕食者"定义为"掠夺、摧毁或吞噬猎物的主体"。这些解释很好地概括了情感捕食型男人的特征。问问你自己，这听起来像是正常的恋爱行为吗？除了最病态的人，谁还会想去剥削、掠夺、毁灭和吞噬其他人呢？

在第一章中，我们了解了病态的含义。情感捕食型男人的病态促使他形成了无与伦比的捕猎能力和绝对的危险性。初见之时，他们很迷人。另外还要记住，既然他是病态的，也就意味着无药可医。他越是不正常，就越难被治愈。讽刺的是，这类男人往往就有笼络人心的能力。他会抓住你的弱点，读取你的内心。如果他对自己所读到的内容满意，他会跟进，邀请你进入他那恐怖而危险的生活之中。

情感捕食型男人天生就具有一项本领，他们能够一眼看出哪些女人是孤独的、无聊的、不自信的，是受过情伤的或是脆弱的。他们会伸出他的直觉天线，捕捉女性释放出的潜意识信号，确定女性身上未被满足的需求。他擅长揣摩你的肢体语言和眼神。他会将你的肢体语言、眼神或话语所传递出的信息整合在一起，判断你是否刚被男人抛弃过或受过其他的伤害。下一步，他就会挤进你生命中的空白空间，说你想听的话，将你降伏。

这类男人往往在屋内扫视一眼，就能锁定最易下手的女人。他们自己都说不清楚为什么会有这种天赋，也不知道自己是如何得来的。他们从很小的时候就具备了洞察女人心的本领。这类男人可能在还是小男孩时就具备了成年后所展示的很多魅惑特征。他会把这些技能用在母亲、老师和姐妹身上。他生命中的女性就好像没有别的选择一样，只能将他所渴求的东西双手奉上。在这种"天赋型"儿童面前，女性们毫无招架之力。这种男人的第六感是与生俱来的，不是学来的（尽管我们下面会讨论到，他的这种能力往往是童年生活是在被虐待或是极端畸形的环境中形成的）。随着年龄的增长，他的魅力和狡猾程度也与日俱增。他开始精进自己的狩猎技巧，在行为萌芽之前，他就已经是一名行为心理学大师。他的欺诈、哄骗和征服能力让成年人都望尘莫及。

所有心理和精神疾病（除了因头部创伤引起的之外）都可追溯至患者的童年时期。在第一章中我们已经指出，人格障碍的形成以及由此导致的精神疾病往往是因为患者在人格结构迅速发展的时期，也就是从出生到大约七岁之间的童年早期，遭受过虐待或者有过缺陷性的情感经历。过了七岁，形成人格障碍的可能性就会降低很多。这也意味着，有病态人格障碍的人往往经历了极度不适的童年，并由此导致了很多个人问题。所以，如果一个男人存在严重的童年创伤，这本身就是一个危险预警信号。不过也要记住，有一些精神疾病无法追溯到一个确定的源头，我们并不总是能知道为什么有些人会出现精神疾病。

　　另外还要知道，不是所有的心理变态都是处于社会阶层最底端的罪犯，比如连环杀手泰德·邦迪也有着翩翩的风度、出色的智商和英俊的外表。捕食型男人有时还有着体面的社会身份，他可能是一名成功的商人、律师、外科医生，甚至是慈善机构人员。如果女性不能从他们的性格特征中嗅到危险的味道，这些身份就能够帮他们绕过女性的心理防御系统。

　　也许你现在已经清楚，情感捕食型男人往往属于精神病态的范畴，而这精神病态的一面所涉及的疾病往往是反社会型人格障碍。不仅如此，绝大多数的情感捕食型男人私底下还过着不为人知的生活。身怀捕食者的天赋本能，再加上从骗取、利用和伤害女性的实战中所积累的后天经验，这样的男人，圆滑精明、作恶害人、肆无忌惮。

　　情感捕食型男人的"捕食"动机各不相同，但可以肯定的是，你身上有他所图的东西，这也是他靠近你的终极原因。他不只是想要和一个人谈恋爱。捕食者，顾名思义，就是为了自身的利益狩猎和利用他人的人。你或你生活中有他想要的东西。也许他想要获取你的崇拜，或者需要你让他感觉良好；也许他想跟你住在一起，这样就可以吸你的血，自己不必再去辛苦工作；也许他想要的是你的钱；也许他想要的是用你来帮助他建立自己的形象（你应该听过"花瓶妻子"吧）；也许就像下文中詹娜的故事一样，那个男人最感兴趣的是追求和征服一个女人。当詹娜提出分手时，在极致的征服欲下，他很难接受。很多捕食者以取人性命为目标，如果你遇到的捕食者只是怀揣着上述不致命的动机，那么你应该庆幸你遭遇的不是最坏的情况，你还有机会从中吸取教训。

其他类型的捕食者会让你付出更大的代价。如果他是一个性捕食者，以你或其他女人为目标，那么结局无非两种，要么你自愿和他发生性关系，要么被他强奸。至于是哪一种，只取决于事态的发展情况以及他的情绪状态。如果他是一个恋童癖，他瞄准的也许就是你的孩子，把你当成是捕猎的工具。他会与你建立亲密关系，获取你的信任，才能接近你的孩子。当他认为孩子是你的弱点时，他尤其会采取这种伎俩——通过你来接近你的孩子。这些男人似乎能在育儿方面助你一臂之力，他们可能扮演着父亲、教师、心灵导师、青年榜样、模范人物或健身教练的角色。他们通过迎合孩子的需求存在于你的生活中。有太多的儿童曾遭受过教练、老师或者是辅导员的侵犯。这些男人最擅长的也是极为精明的一招就是先接近妈妈，以达到接近孩子的目的。有些女性将自己在单身聚会、互助小组、婚恋服务或者球赛上认识的男人带到自己的生活中，以为他们可以成为家庭的帮手，结果孩子却遭其毒手。

最后，最令人闻风丧胆的捕食型男人是名副其实的杀人犯。在美国，据估计任何时候都有数百个逍遥法外的凶手。

你可能无法想象，自己的生活中会出现这样的一个男人。其他女性也都是这么想的，她们觉得自己永远都不会和一个强奸犯、杀人犯或者虐童犯约会。但是捕食者在敲你的门的时候，他的额头上并没有印着他的案底，他很有可能会让你失去警觉。

如果不想错失你直觉中的危险预警信号，我们首先要去想象和一个捕食型男人约会、谈恋爱或结婚的恐怖场景。有些遇上捕食型男人的女性——比如托丽——结局还不算太坏，因为她遇到的只是一个软饭男。你后面会看到，有些女性就没有那么幸运了。她们遇到的是以侵犯儿童、强奸妇女或杀人为目的的捕食型男人。此外，捕食型男人的动机和他们的心理问题一样多样。他们的心理越变态，行为也就越疯狂。

情感捕食型和永久黏人型男人在接近女性时都会流露出专注和真诚的兴趣。要将这两类人区别开，就要明白几点：永久黏人型男人需要和女性产生感情羁绊，而情感捕食型男人不需要。在刚开始，永久黏人型男人更多地关注亲密关系本身，而情感捕食型男人则蓄意制造浪漫。永久黏人型男人通过关注与女性共同的被抛弃经历，与女性建立情感联结；情感捕食型男人则变化多端，永远可以迎合女人。永久黏人型男人可能缺少恋爱经验，并因此显得有些笨拙；情感捕食型男人则八面玲珑。永久黏人型男人喜欢滔滔不绝；情感捕食型男人则乐于当倾听者，他们释放的信息很少，除非他们确定所说的话与你的过去是一致的。和永久黏人型男人在一起，女人觉得自己更加被需要，而和情感捕食型男人在一起，女人会觉得自己更好奇。

他们的目标女性

在各类危险男人中，情感捕食型男人最擅长追逐和寻找能够满足他们欲望的"猎物"，无论他们的欲望是什么。捕食者会根据他自己的病态心理需求寻找目标女性，还会根据你的弱点来确定是否选择你作为目标。他心里深知，所谓的狩猎不过是一场用一方需求匹配另一方需求的游戏。他越是了解你的需求，就越能去满足你的需求。

他对女人的弱点有着敏锐的嗅觉，所以，那些有需求未被满足的女性，在他鼻子下面闻起来就格外香甜。那些要求男人明白自己的感受，并想要男人特别"懂自己"的女性，就是他的目标。由于他善读女人心，所以他会表现得非常了解你，并且了解得极为迅速。

这种变色龙般的男性还喜欢一种女性，就是把恋爱双方有相似的兴趣爱好和背景看得极为重要的女性。因此，当他看到你，就会立马伪装成你的样子，就好像他是男版的你。那些容易被男人的魅力和圆滑打动的女性，那些识别不了这些危险特征的女性，就会成为捕食者的目标。其他类型的危险男人和捕食型男人的区别在于，好的捕食者往往都舌灿莲花。他们是经验老道的约会对象，不会犯错，不会说错话，也不笨手笨脚。

情感捕食型男人心里清楚，哪类女性会对他们个性化的狩猎本能做出回应，他们会瞄准那些过往不同寻常的女性。他们喜欢那些父亲缺席、母亲教她们无条件信任别人，或者是曾被伴侣忽视或虐待的女性。他们还钟爱世界观很天真的女性。这些女性认为人性本善，世皆净土。情感捕食型男人知道很多女性自小就受到规训，对人性本善的观点深信不疑。所以，这类男人会伪装成一身正气的样子。如果一个女人恰恰成长在一个没有父亲或父爱缺失的环境中，他对你的吸引力就又增加了一分，因为这样他就可以扮演父亲的角色，填补你内心的这块空白。但由于他本质上是一个变色龙，他还会仔细倾听，搞清楚你除了需要一个父亲之外，是否还需要一个人生导师、一个在某些话题上能给你提供建议的顾问、一个精神领袖，或你家孩子的男性朋友。

在我提供心理咨询期间，我接触过一些情感捕食型男人，他们对自己所瞄准的目标女性直言不讳。有个男人坦言："我喜欢天真的女人。我喜欢她们身上的脆弱性，她们会不加质疑地信任人。我还喜欢受过伤的女人。另外，我还偏爱那种不了解世界真正运作规律的女人。她们身上的天真和脆弱能够促使她们信任我，因为她们需要信任我。"

另一个男人说："我喜欢被男人打压过的、心灵比较脆弱的女人，或者经历过不幸的童年的女人，她们非常容易追到手。"

还有一个男人说："我特别擅长揣摩女人的心思。我能感知到房间里的氛围，能够读懂她们的肢体语言，解锁她们目光中的躲闪以及她们对我随口称赞的反应。这些都帮我铺好了追求她们的道路。当然，不是所有的女人都表现得羞怯。有些女人会装出一副虚张声势或傲慢的样子。但我知道，本质上她们的内心都是一样的。我知道女人想要什么，需要什么，这对我来说太简单了。"

我们要明白，每个情感捕食者都有自己独特的风格，也有自己最喜欢的目标类型，因为他们已经研发出了一套和这类女性开始、维持、结束一段关系的标准化流程，只要使用这一套屡试不爽的招数，就能轻易成功，根本不必花费多大心力。有的捕食型男人可能喜欢刚离婚的女性，因为他擅长从离婚的角度切入，他熟悉刚经历婚变的女性常用的那套说辞。有些捕食型男人可能专挑单身女性或女大学生下手。另外一些则可能已经厌倦了以往的套路，为了追求刺激而转换目标类型。

他们为什么能得手？

我在前面已经提到，情感捕食型男人的绝技是他们令人难以置信的魅力。他们表现得好像是一个完美的约会对象，能够迅速拉近与女性的情感距离。在当今时代，女性厌倦了不懂风情的钢铁直男，而情感捕食型男人则向女性展示了自己深谙风情的能力，他们绝对懂你。如果你以前交往的男人个个是大老粗，或是不解风情的大直男，那么捕食型男人，能让你体验未曾体验过的关怀和细心。他们的柔情蜜语是你的前任一辈子都说不出来的。他们对你的需求洞若观火，并且似乎能够共情你所遭受的每一丝痛苦。

他们比算命师更能直抵你的内心，他们关注你的每一个需求，能够与你产生情感共鸣，让你相信自己是不是遇到了失散已久的灵魂伴侣。还不等酒杯里的啤酒消泡，你已经被他迷得七荤八素。他比窖藏四十年的白兰地还要醇厚，比心理咨询师更知心，比任何人都更懂你。

这种男人的攻势猛而快，因为他要赶在你看穿他的伎俩之前结束"战斗"。每个女人在遇到一段仿佛走在高速公路上的亲密关系时，都应该对这段感情本身存一份疑虑。捕食型男人会用赞美和蜜语轰炸你，让你于云端狂喜，让你不听、不看、不思考。他一脸真诚，对你深情款款，并且牢记你说过的每一句话。卓越的情感捕食者经常挂在嘴边的一句台词是："我怎么爱你都不够。"捕食型男人在刚认识你不久就急于想和你同居或者结婚，因为他在和时间赛跑。

为了推动这段感情向前，让你离不开他，他必须表现得乐于助人、令人如沐春风、慷慨大方。他急于得手，所以他必须尽快知道你需要什么，然后去满足你的需求。你家里的排水沟堵了？每个男人都知道单身女性缺帮手帮她干一些家庭杂活，所以他会立即化身成勤杂工。他比给圣诞老人拉雪橇的鲁道夫还努力，帮你疏通排水管，顺便看看哪些零件松了并帮你加固。你刚刚丧亲？他知道怎样帮你排解哀思，一瓶酒的工夫，他就会拉着你的手安抚你，并给嚎啕大哭的你递上纸巾。你的孩子需要陪伴吗？他可以周末带他们去爬山、骑单车和钓鱼。你的电费是不是已经欠缴半个月了？他愿意帮你去缴费，即便你们刚刚认识几天。

他一边听你说话，一边观察你，了解你的爱好、兴趣、信仰和价值观。这种男人是身份窃贼，他会竭尽所能地解密你的一切信息，并将这些信息为他所用。他会夸你优秀、漂亮、聪明、有才干，就好像你是唯一一个让他觉得如此惊艳的女人。他会根据你的需求和兴趣，调整他在你面前的自我呈现，直到你觉得看他就像是在看世上另一个自己。

最后，还有一类情感捕食型男人，他们利用的是女性的善良。在本章讲述的大多数案例中，情感捕食者都是用强大、自信和坚定的策略接近女性。但实际上，这类男人接近女性的方式多种多样，至于用哪一种，取决于哪一种方式管用。泰德·邦迪的后备箱里就一直放着一些医用道具。在他的最后一场杀戮中，就是通过给自己腿上打假石膏，在高速路上拦下了热心的女受害者。有些捕食型男人还会假装生病、残疾或者命不久矣，以博取女人的同情。一旦女性落入了捕食型男人的圈套中，任何可怕的事情都有可能发生。

如果你觉得你永远都不会和这种疯子谈恋爱，那么就先了解下面三个女性的故事。她们都非常聪明，也都从来没想过有一天会被这种危险男人盯上。

托丽的故事

在本书的第一章和第二章中，我们了解了一些托丽的故事。托丽是一位画家。在餐厅初遇杰伊的那个晚上，托丽起身去卫生间时被杰伊盯上。在杰伊看来，两人的每次眼神接触都像是托丽在邀他靠近，他把那解读成"前进"的信号。当托丽从卫生间出来时，杰伊绅士般等在过道，斜着身子迎上来，他礼貌地介绍了自己，并提出请托丽喝一杯。

两人坐下后，他并没有过多地介绍自己，相反，他询问托丽的情况。托丽是一个健谈的意大利女人。她立即开始畅所欲言。作为一名出色的情感捕食者，杰伊竖着耳朵倾听。他注意托丽的说话风格，她所提及的事物，她的肢体语言。杰伊还打量她的裙子，观察、探寻有关她生活或品味的线索。

在初次交谈中，杰伊表现出的每一面都很讨托丽的欢心。在了解了托丽的表达习惯后，杰伊才开始他的诉说，说的都是一些高深的大话。知道托丽喜欢阅读，他便声称自己是一个不得意的诗人，并频频引用叶芝和埃德加·爱伦·坡的诗句。因为觉得两人年龄相当，他又开始谈起他们这代人曾经经历的越南战争。杰伊说，他是从越南战场上退役的老兵。他们偶遇当晚临近结束的时候，他口中的自己已经从一个简单的士兵，变成了一个因过人胆量被派去执行危险任务的功勋战士。

得知托丽是意大利人，杰伊又开始谈论美食、种族和宗教这些双方都感兴趣的话题。在他的描述中还去过意大利以及更远的地方。他说他是爱尔兰人，并且还侃侃而谈了爱尔兰发生过的宗教冲突，说他曾亲眼目睹过。杰伊称赞托丽非凡的穿衣品位。心花怒放之下，托丽告诉杰伊自己是一名画家。听到这里，他又立即谈论起对艺术的热爱，谈论起欧洲的各大教堂和博物馆。当托丽说自己有一个女儿时，杰伊立马回应说自己也有一个女儿。于是，他们又顺理成章地谈起了共同经历过的离异和单亲生活。在这场谈话中，托丽所经历的，杰伊也都恰巧经历过。多么幸运呀！面前的这个男人，年龄与自己相当，又是荣誉退役的老兵，游历丰富，又颇通诗书，还懂艺术。

从托丽的故事中我们可以看到，情感捕食型男人如何利用女性的背景信息塑造一个与女性自身相契合的形象。在这个过程中，他依靠的是女性对自身信息的过度表露。他确信，只要给女人一点点关心和鼓励，她就能够不停地说下去，而且都是说自己的事。从女性滔滔不绝的话语中，他挖掘出一块块碎片，拼凑出一个理想追求者的形象。他赌的是：托丽的前任没人愿意听她絮絮叨叨。他表现得对托丽的人生很感兴趣，并且表现出了高超的倾听能力。他知道女性都无法抵挡这些品质。他使用诸如"你做什么工作？"或者"你来自哪里？"这种开放式的问题打开女性的话匣子。相较于回答是和否的问题，这种开放式的提问能让女性暴露更多信息。

杰伊等着托丽自报家门，然后再根据听到的内容裁剪缝制，表现出自己的方方面面都与托丽契合。谈论完托丽的民族后，他接着谈论自己的民族。当托丽提起自己是基督徒后，他又开始介绍自己家族的宗教背景。托丽说到越战，他就立即开始吹嘘自己在军队中的丰功伟绩。托丽有哪一面，他也凑巧有这一面。

这种策略在情感捕食型男人中很常见，大多数这类男人都有着高智商，并且在很多话题上都储备有丰富的背景知识，能够支持他们在较浅的层面上侃侃而谈。实际上，和很多情感捕食型男人一样，杰伊也把阅读百科全书当作消遣。他从这些书籍中收集知识和信息，以备不时之需。

和杰伊的感情就像是一场龙卷风。短短数月，他们就住在了一起。托丽的生活也从此发生了巨大的变化。和杰伊在一起后，她放弃了以前经常参加的活动，比如园艺、爬山、和朋友聚会。为了绑架托丽的人生，杰伊完完全全地占据托丽，将她与原来的生活圈子切断。很快，他开始瞒着托丽检查她的电子邮箱和电话。由于托丽接收不到朋友的信息，他们都悄无声息地淡出了她的世界。二人同居不久，杰伊就被炒鱿鱼了，他出去找了几周工作，但一无所获。当然这一切只是杰伊给托丽的说法。

自打杰伊进入托丽的生活中后，托丽开始担负起他们的全部生活开销，毕竟杰伊不幸失业了。很快，托丽花光了积蓄。她一个人修剪草坪，扔垃圾，杰伊则坐在电视机前不停地换台，寻找自己真正感兴趣的智力节目——《辛普森一家人》。那个引经据典的家伙去了哪里？终于有一天，托丽忍无可忍，要求杰伊搬出去。但是好巧不巧，杰伊说他被确诊患上了前列腺癌，还说出了医生的名字，就诊时间以及愈后表现。他反正也活不久了，难道托丽就不能陪他度过这最后的日子吗？

荒唐吗？荒唐！这又是一个谎言吗？是的，他只是不想离开这个温柔乡。也许我们大多数人都能察觉到其中的猫腻，但是托丽未能发现。她接受的教育是要关心不如意的人，帮助弱者，要发现每一个人身上的美好。如果从事慈善事业，这可能是很好的工作美德，但绝对不适用于寻觅亲密关系。

托丽和杰伊在一起三年。在这漫长的时间里，她起初会思考和掂量杰伊的优点与缺点，接着寄希望于他能够通过接受心理治疗而变好，继而开始厌恶他经常性的失业和懒惰。到最后，她终于反省自己为什么没有质疑杰伊编的那些荒谬的谎言。在意识到问题后，托丽也没有积极地解决问题，没有让杰伊搬走，而是被动地允许这场感情自行灭亡。直到杰伊的谎言离谱到令人发指时，她才下决心放手。

托丽的故事给我们上了一课，如果你不知道如何果断地摆脱一段恋情，就不要让自己陷入其中。安全、健康和及时地结束和退出一段感情的能力，要远比得到一段感情的本事重要得多。

帕姆的故事

帕姆是一名杂志编辑，三十八岁的她刚刚结束了和一个危险男人的恋情，这是她的第五次恋爱。帕姆的整个恋爱史都充斥着不健康的亲密关系。虽然她能够井井有条地管理一家中等规模的杂志社，但是她在事业上的能力却并没有迁移到挑选好男人的能力上。

她的前一任男友杰夫对她死缠烂打。他对她的狂热让帕姆感觉自己很特别。尽管帕姆之前总是和渣男纠缠，但是和很多女性一样，她没有反思自己的行为和过去的选择，也因此，她没有从过去的失败中成长。在这种情况下，杰夫就自然而然地躲过了帕姆的危险预警系统。

杰夫表现出了对帕姆"有趣的过往"的巨大兴趣，所以帕姆非常乐于谈论自己小时候的成长经历、失败的恋情、女儿以及自己的兴趣爱好。帕姆说自己喜欢沙滩，杰夫立马回应称他也喜欢。他的言下之意是他们可以一起旅行。帕姆说自己来自一个大家庭，杰夫说自己也一样。他问帕姆是否可以带他见一见她的家人，但他却从不邀请帕姆去见他的家人。帕姆说喜欢跳舞，杰夫就立马称自己舞技精湛。帕姆说自己很孤独，杰夫说自己也一样。帕姆的工作强度很大，需要投入很多精力，杰夫说自己的工作也很累。

他们一起喝酒，一起吃饭，杰夫送来鲜花，给她打电话，去她的公司探望她，陪她跳舞到天亮，还约她一起去度假。一连串的糖衣炮弹让帕姆冲昏了头。他们的感情像一阵龙卷风，帕姆都来不及喘一口气。杰夫赞扬帕姆的魅力、冷静和智慧，说帕姆的一切都让他着迷。尽管他对帕姆的过去和她的生活非常感兴趣，却从来不主动谈及自己的生活。帕姆提的问题他都不予正面回应，但帕姆却将这种回避误认为是谦逊。

杰夫是一家计算机公司的广告客户主管，他的生活精彩有趣，节奏快。他狂热地追求销售业绩和新目标。帕姆很欣赏他的活力和生活方式，只是她不清楚，自己正是他的下一个目标。过了几个月后，帕姆才发现，她对杰夫的吸引力不仅仅因为她的个人魅力，还因为他想从自己手里拿到他想要的资源——低价在她的杂志上打广告。以出卖色相的方式促成交易的做法似乎丝毫无悖于他的道德观。如果他能促成这次物超所值的广告合作，就能赢得一万美金的奖励。正是出于这个目的，他才疯狂追求帕姆。只要拿下这次合作，他不仅能够获得公司配备的汽车，还能保证得到下一次晋升。此外，他似乎并不是第一次靠色诱女性来达成自己的目的。

但更令人难以想象的是，杰夫还利用帕姆对他的信任，伤害了帕姆十一岁的女儿。他一开始就特别关心这个孩子，他们去海滩度假的时候也会带上她。但在帕姆冲澡的时候，杰夫就趁机猥亵了这个女孩，并威胁她不要告诉她妈妈。当帕姆工作到很晚的时候，杰夫就会主动提出接孩子放学，带她吃饭，送她回家，辅导她写作业。他声称自己这么做是因为体谅帕姆工作辛苦。实际上，在那段时间里，他给孩子展示色情片，给她喝酒，并对她动手动脚。他能够自由出入帕姆的家，他甚至还在她女儿的浴室和卧室安装了摄像头。

在一次海滩度假的浪漫旅行中，杰夫实现了他的目的。他让帕姆以异乎寻常的低价签署了一份多年的广告合同。合同上的墨迹还未完全干透，杰夫就获得了升职，工作也调到了远方的一个州。当帕姆好几天都没收到杰夫的消息时，她开始担心了。他不接电话，很快手机也关机了。帕姆按照他说的家庭地址去找他，却发现他从来没有在那个地方住过。帕姆去了他的办公室，这才了解到他已经升职，并且已经从东南地区调到了西北地区任职。

自始至终他都没有向她告过别。但最令她震惊和绝望的是，女儿最终告诉她说自己遭受了杰夫的猥亵。

詹娜的故事

詹娜来自她所谓的"正常的中产阶级家庭"。她的妈妈是家庭主妇，无微不至地照顾孩子。她还有一个给予她适度关心的、挣钱养家的爸爸。她和兄弟姐妹们的相处也非常和谐。她觉得一家人从来都是坦诚相待，所以她理所当然地认为所有家庭都这样。她的家人支持她追求自己的兴趣爱好，并且告诉她要信任自己的直觉。高中时代，她与其他女生打成一片，很少与男生接触。詹娜的成长经历让她觉得自己是一个"头脑清醒"的女人。

詹娜去上大学后，开始和男生约会，但并没有很认真，她也喜欢这样，因为她只想享受大学的时光，完成各种学业要求。大学里，詹娜主修新闻。后来她认识了科里，并很快和他交往。由于詹娜的家庭所贯彻的是一种富有建设性的沟通方式，所以她总觉得科里有哪里不对劲。詹娜觉得自己多少还是能区分正常和不正常，按照这潜意识的标准，她总觉得科里怪怪的，只是她说不清楚具体是什么。他们之间的交流总让詹娜觉得不舒服。尽管如此，詹娜还是继续和他约会。她想可能是自己少见多怪了。

詹娜特意去接触认识科里的人，以检验自己的直觉。从表面上看，科里一切都很好，挑不出什么毛病。他已经工作，收入不错，性格友好外向，也曾交往过几个女友。但为什么詹娜仍然有那种说不清道不明的奇怪感受呢？他很有魅力，但似乎太有魅力了。詹娜说出的每一句话，抛出的每个观点，他都应声认同。但是詹娜和他的交流却一直停留在表面，老套乏味。詹娜觉得自己难以理解他，于是决定深挖。她仔细打听他的朋友对他的评价，还会问一些关于他的家庭的尖锐问题。科里经历过几段失败的恋情，尽管他英俊又健谈，但所有的恋情都没有结果。他的前女友们似乎在他身上看到了什么令她们不喜欢的东西。虽然他聪明，工作能力强，但是他的一些表现让詹娜十分摸不透。

在詹娜看来，科里在这段感情中用力过猛了，她想看穿真实的他。每当和科里聊天的时候，詹娜就会故意转变自己的立场，看看他作何反应。但是每当詹娜表达出与之前相矛盾的观点时，科里也都会立刻附和，说他也有相同的感受。这个时候，詹娜才意识到，这个男人身上有着很严重的问题。她选择了分手。但是接下来的几周，科里以各种理由来接近詹娜，他打电话或者找过来，说担心詹娜，因为他觉得詹娜"明显不正常"。他说他来找詹娜只是出于朋友的善意，毕竟两人曾谈过恋爱。

詹娜觉得他的说辞都是胡诌。当詹娜揭穿了他的假意逢迎时，他又开始倒打一耙，搞得好像是詹娜心理有问题。尽管詹娜已经表明态度，不再喜欢他，他对詹娜仍旧穷追不舍。似乎，他的动机是征服詹娜，赢得詹娜的心。詹娜最终摆脱了这个男人，她觉得自己很幸运，相信了自己直觉给出的预警。

✿ 其他女性的故事

　　如果你遇到的情感捕食型男人是一名专业人士呢？如果他是你的医生、心理咨询师、律师或者会计师，你会不会因为这些职业的光环而更加信任他？这种情况并不罕见。由于情感捕食型男人往往都有很高的智商和很强的说服力，所以，一个女人很有可能会在接受专业服务的同时落入圈套。

　　在美国北卡罗来纳州就曾发生过这样一个案件。有人发现某名医生给单身女人和给已婚或带家人来问诊的女性开不同的药方。他给单身女性病人开过量的药物，让她们产生了药物成瘾以及对他本人的依赖。他像收集奖杯一样，收集这些情感依赖和药物依赖的女性。相比对待患有同样症状的其他病人，他会更频繁地约见这些单身女性，给她们开更多的药。每当身边的同事质疑他的治疗方案时，他就变得怒不可遏。很多病人觉得医生的职业神圣不可侵犯，并因此对医生给出的治疗方案不敢质疑。这种心态，正好给了这种职业性捕食者可乘之机。

　　这名医生为了掩盖自己对病人的故意伤害，他给别的病人应用整体医学方案。他会安排病人转诊，进行针灸治疗、意向导引治疗，或者建议食用维生素、草药或其他替代性药物。他将自己塑造成进步的保健医生，掩盖自己作为情感捕食者的真面目。当有人控诉他让部分病人过量服药，他就会指出自己在做整体医学疗法，他辩解说："我不是那样子，我倡导的是这种疗法。"与此同时，不幸被他捕获的女人，为了排遣孤独，开始顺从地接受他给予的关注，以及接受他开给她们的管控药品。这些受害者中，绝大多数都到达了药物成瘾的程度，既对他所开的药物成瘾，也对他给予她们的关注成瘾。

其中一名女性受害者是位叫作乔的六十二岁独居女人。乔有多种心理问题，同时还患有血液疾病，所以一直待在家里，当然这主要是因为她自己想与外界隔绝。乔只有一个女儿，住在另一个州。她身边没有什么朋友和亲人。她和外部世界的唯一联系就是这名医生。

下班后，这位医生会去乔的家中探望，这时候，乔总会在门口等他，拿一瓶酒，备一盘奶酪，同时也穿上最好的真丝衣服。他们畅快地聊天饮酒，仿佛只是一场朋友之间的会面。乔会和他调情，并抱怨自己的疼痛和焦虑越来越重。到了晚上，这名医生就会给乔一叠新的处方，并且像一个负责的医生那样，承诺还会过来看她，和她一起欢度属于两个人的特殊时光。

乔的女儿有一次来看望母亲，她震惊地发现母亲一次竟然要吃20种类似的药。乔的女儿提出要约见这名医生，讨论一下这些药物的问题，但他拒绝会面。后来，官方开启了对他职业的调查，结果发现与乔的遭遇类似的女病人竟然多达几十个。这些女性也一样和这位医生一起饮酒，从他手里得到很多处方。

一天晚上，乔死在了睡梦中，死因是血液疾病。但是了解乔和那位医生的人都知道，害死乔的是她对一个"捕食者"的错信。

提示危险的行为清单

情感捕食型男人通常有以下行为表现：

💣 能靠感觉识别脆弱或"善感"的女性。

💣 能靠感觉识别低自尊的女性。

💣 能靠感觉识别情感和性边界薄弱的女性。

💣 能靠感觉识别那些需要两性关系才能觉得自己被他人需要、感到完整的女性。

💣 能靠感觉识别无聊、孤独或有依赖心理的女性。

💣 能靠感觉识别那些刚刚失恋、离婚、受到情感忽视和创伤的女性。

💣 能靠感觉解析女性的肢体语言和眼神。

💣 会仔细倾听女性的言谈，并从中搜集信息，供后面交谈使用。

💣 能靠感觉识别女性未被满足的身体亲密需求和性需求。

💣 营造一种能吸引女性的趣味感和神秘感。

💣 精明，说话得体，对目标女性的了解准确。

💣 攻势猛烈，能让女性冲昏头。

💣 过分关注你生活中的各个细节。

💣 刚认识不久就要求同居或结婚。

💣 相处不久，就声称已经足够了解你。

💣 催促你尽快谈论自己的详细状况。

💣 努力满足你的身体需求、金钱需求或情感需求。

💣 想要充当你生活中的角色，比如教师、精神领袖和人生导师。

💣 急切地帮助、安抚、体谅你。

🎆 似乎与你有着完全相同的经历、价值观和爱好。

🎆 是一个能迎合任何人的变色龙。

如何甄别情感捕食型男人

很多女性在约会时都有一个毛病，就是面对自己还不太熟悉的男人时过多表露自己。虽然不太情愿，但我还是将这种习惯称为贪语症。当然，这是一个令人矛盾的局面，因为要了解一个人的方式之一就是与之聊天。但是在这个充满危险的年代，我劝女性朋友多听少说。相反，你可以主动询问对方一些开放性问题，而不要在刚接触对方时就吐露你的兴趣爱好、你经历过的失败恋情、你的家庭成长环境、你的事业。你要听他讲，记住他说什么，下一次和他聊天再看一看他的陈述是否与之前存在矛盾。用他提供给你的信息，确认你们是否存在共同点。你要掌握主动权，不要急于谈论过多自己的情况，防止他找到可以迎合你的素材。当他问你问题的时候，不要正面回答，看他怎么反应，看他是否会更卖力地引导你谈论自己。

观察一下，如果你不向他透露关于你的信息，他会不会模棱两可地回答你的问题，试图回避一切具体的描述。有太多的女性，只要男人给他们一点点鼓励和关注，就开始将自己的人生翻个底儿朝天。如果你面对的是一个具有捕食天性的男人，这种做法可能会给自己招来灾祸。

另外还要记住，当你被某个男人迷倒，也就意味着你的双脚已经不再着地，两脚离地的你也就没有办法平视现实。如果一段恋情像龙卷风一样开始，这本身就是一个危险的信号。如果他短时间内要求和你日夜黏在一起，你最好踩下刹车，打开车门，立即下车。

我们大多数人都清楚，男人对我们女人纤细的感受、想法和日常生活并不感兴趣。如果他从一开始就眼睛不眨、屏气凝神地倾听你说话，这也是一个不对劲的提示。如果他表现出对女性感受的熟悉，你要追问自己，他的这种熟悉是从何而来的。

遇到能说会道的男人，你的思想可能会被他带跑，甚至忘记自己的价值观。所以，如果你做了自己从未想过会做的事情并为此觉得不安，那么就要立即停下。

女性们的领悟

帕姆想知道自己处理感情的方式是否在无意识地效仿她与父亲之间的相处模式。她说：

"我很享受杰夫的关心。他认真，行动又快。这样的男人太迷人了，他聪明、神秘，难以琢磨，不像平常的男人。我不知道为什么这么多线索都没有点醒我。当有人说我这个人很'酷'，我只顾着高兴了。我想我的前任们之所以选择我，也就是看清了我的低自尊水平，当然这可能也是他们为什么都在我身边待不下去的原因。

"这是我的第五段不正常的恋爱。你也许觉得，我现在应该能预料到这一切的发生吧？从某种层面上来说，我觉得这些男人是对我的挑战，当然，也是一个没有女人能够赢的挑战。但又是从什么时候开始，谈恋爱变成了挑战呢？如果你想要拼想要赢，那就去拼事业吧，不要在恋爱上面挑战自己。这太荒唐了！我之前竟然有这种想法！

"我不停地选择捕食型男人，他们虚伪，永远都不会给我真心，当然他们不会对任何人付出真心。如果你足够幸运，在你察觉之前，这类男人就已经在你的生命中走掉了。至少我遇到的渣男还不至于害我性命。

"我并没有意识到杰夫是一个捕食者。我心里的某个部分为了逃避真正的感情，促使我不停地和这种类型的男人纠缠在一起。但这一次，替我付出代价的是我的女儿。这盆巨大的冷水把我浇醒了。我自己做了令人恶心的选择，却让我的孩子受到了伤害。为了摆脱这个阴影，我现在要接受很长时间的心理治疗。"

詹娜回忆，她第一次见到科里的时候，她的危险预警系统就发出了信号。

"从一开始，这个男人就表现得很不对劲，无论我说什么，他都像鹦鹉学舌一样回应附和。他重复着我的话，努力让我觉得我们俩有相似的观念和兴趣。但是，他的反应透着一种假惺惺的感觉，他的观点既不真诚又缺少深度。

"他有一份体面的工作，薪水也不错，他的朋友也都喜欢他。也正是因为这样，我才选择没有立即听从我的危险预警系统。但归根结底，他无法模仿出一个生动的人。他没有正常人那样的正常灵魂和情感深度。当我提出分手的时候，他又开始诡辩，告诉我他关心我，他觉得我'明显有心理问题'。这种心理操控太明显了，我立刻切断了和他的一切联系。

"我现在认识到，我也算是一个非常幸运的人，能够早早地认清他的面目，并且安全脱身。我现在已经清楚，不能让自己太过迷恋那种油嘴滑舌，似乎很有魅力的男人。很多时候，人会因为神经紧张才避免流露出深刻的感情，而这些男人不是，他们根本就不具备体验深刻情感的能力。事实上，我现在最应该留神的就是所谓'有魅力的男人'。"

我们在第五章节中介绍的杰米，最终也成了一个男人的猎物。关于与男人相处的舒适感，她有以下感悟。

"情感捕食型男人有一种特殊的神秘感，大多数女性都能感受得到。那是一种权力感，存在于想让别人喜欢自己的努力中，质朴而根本。我的生活中常见到这样的男人，因为我觉得相比女性，我和男性在一起更舒服，所以我不停地进入那些我本来没有想进入的关系。我觉得我只是想要一个男性朋友，但实际上却靠近了另外一个捕食者。

"我觉得他们甚至可以闻到我作为猎物的味道。我在报纸上刊登了一则广告，结果就有好几个男人给我写信。他们说从我的遣词造句中就能推测出，我是一个性格顺从、适合他们下手的女人。就好像我的额头上就打着'猎物'的标签。想一想都让人毛骨悚然。"

杰西没有多少恋爱经验。她通过一个朋友的介绍，开始与一个监狱囚犯通信，并在对方出狱后不顾很多人的劝阻和他约会。结果当然也是灾难性的。杰西觉得她之所以愿意和一个有案底的人交往，源于原生家庭的规训和教育。她说：

"我内心还是一个小女孩，你只要和我聊几句就知道我有多不成熟。我害羞，自尊水平低。我妈妈也是这样。我从小被教育，每个人都是好人，善待他人，要给别人改错的机会。

"基于这种思想，我当时并不觉得和一个囚犯通信有多么危险。我觉得我是在做好事，也许我能改变他，也许能让他在监狱中就开始改变。直到被他强暴过后，我才意识到，不能别人说什么我就信什么。我现在明白了，有些人为了得到自己想要的东西，会伪装成另一个人。

"我不擅长和人打交道，所以没有提前嗅到危险。在别人眼里，所有这些线索可能一目了然：他都进了监狱，他本人肯定存在严重的问题。但当时我却不那样想，我从小接受的教育也不允许我那样想。现在我明白了，我就是受害风险最高的那群人之一。"

第十一章

危险男人的行为表现

人际关系中的边界约定着双方交往活动的范围。在情感生活中，我们划定边界以保护我们的身体和我们的尊严。好的边界能够说明我们所持的立场，能够告知对方，我们能容忍什么。在一段健康的感情中，双方都有明确的自我认知，彼此都不害怕与对方不同，也不会认为两人之间存在不同有什么可怕。

在前几章里，我介绍了不同类型危险男人的特征，并逐一进行了细致的描述。无论任何事物，你只有先对它进行定义，才能辨别它，改变它。

本章还定义和描述了糟糕的婚恋对象出现时的危险信号。这些信号所代表的边界问题可以帮助你判断眼前的人是否是良配。在本章的最后一个部分，还附加了一道练习题，以帮助你确定你有多大风险再次选择危险男人。掌握了这些知识后，你可以采取适当的干预措施，以防自己将来选错人。

边界的定义以及边界在正常亲密关系中的作用

人际关系中的边界约定着双方交往活动的范围。在情感生活中，我们划定边界以保护我们的身体和我们的尊严。好的边界能够说明我们所持的立场，能够告知对方，我们能容忍什么。在一段健康的感情中，双方都有明确的自我认知，彼此都不害怕与对方不同，也不会认为两人之间存在不同有什么可怕。

有了健康的边界，我们就能够将自己的思想、情感和需求与身边其他人的思想、情感和需求区别开。缺少这种区别能力，就是边界纠缠。当一个人开始接受别人的有悖于自己的最大利益的思想、情感和需求时，就出现了边界纠缠。这个时候，一个人会套用另一个人的身份特征。但如果套用你身份的是一个危险男人的话，可能会产生毁灭性的后果。就像本书案例中所说的那样，当一个女人为了一段感情而放弃了自己，就足以说明这个女人有着不健康的边界。

没有边界或者边界薄弱的女人会吸引各种类型的危险男人。情感捕食型男人就像猎狗一样，时时寻觅边界薄弱的女人，凭着他们灵敏的嗅觉，让你在劫难逃。心不在焉型男人选择你，是因为知道你狠不下心放他们回归家庭，或者当他们以太忙为不能陪伴你的理由时，你不会赶他们走。寻求抚育型和永久黏人型男人也知道，你没那个魄力在他们呜呜咽咽的时候一脚踹开他们。成瘾型男人靠的是你的共生依赖心理，这使他能够永远待在你的生活中。有精神疾病型的男人能看出你可能会将同情误认作爱情。施虐型或暴力型男人则非常清楚，你对他们的恐惧已经使你不敢表达心中的真实想法，就算说了也不敢做。

在这些情况中，沉默就等于默认，留下就等于顺从。边界薄弱的女性无法表达自己的需求，也没有办法采取行动捍卫自己的需求。她们保持着沉默，希望事情自己就能得到解决。边界薄弱的女性通常还会对感情抱有不切实际的幻想，好像健康的恋情会从天而降一样。但是在危险男人看来，你的沉默就等于默许他对你实施伤害。所以，对于那些想要避开危险男人的女性来说，确立清晰、良好的边界至关重要。在感情开始之初，如果你能对不健康的边界和行为提出质疑，便有机会让你看清眼前的男人是否是良配。

还有一些边界薄弱的女人并不被动、弱小或者沉默。相反，她可能极具攻击性，态度强硬。这些女性侵犯男人的边界，想要改变男人危险而烦人的行为。她执着于纠正男人的错误。她可能会唠叨、反复建议、斥责、道德说教、发怒或者威胁。她希望在这些招数的作用下，男人的行为会发生好的转变。这当然是不可能发生的。其实，这种"压路机式"女性所采取的策略，和"受气包式"女性的沉默策略一样，都是无效的。这种侵犯边界的不健康行为不会改变任何人、任何事。

边界之所以那么重要，是因为这是伴侣尊重彼此私人生活的一种方式，也是尊重彼此独立经营自己生活能力的一种方式。和危险男人在一起的女性，很可能会让男人过度操控自己的人生。在一段感情关系中，如果存在边界侵犯，那么这段感情很可能在未来会亮起红灯，所以边界侵犯问题不容忽视。

我们的边界是我们自身的映照，它体现着我们的生活、朋友、职业选择、喜好和厌恶。在健康的关系中，任何一方，在未得到对方允许的情况下，都不能踏足对方的领地。边界就像是我们自身的大门，只有经过邀请，外人才可以到达我们生活中的某些区域。如果有人不经你的许可就踹门而入，那么可以肯定，这个人会肆意盘踞在你的边界之内，占领你的个人领地。顾名思义，侵犯你边界的男人，他们觉得自己有掌控你生活的权力。

从表面上来看，侵犯你边界的男人可能只是过于固执或过度投入了。但是，那些屡屡侵犯他人边界的男人，可不只是固执而已。我在本书中描述的几种危险男人的类型，他们的特征就是习惯侵犯伴侣的边界。如果女性能够认识到，无论任何一方侵犯对方的边界，都是对所处情感关系的重创，那么她们把自身置于险境的概率就会大大降低。如果女性能够认清，自己的边界每被侵犯一次，自己的忍耐底线和行为底线就会降低一个等级，并最终会丧失自己的尊严，那么当她对待边界侵犯的问题时，可能就会采取不一样的态度。

与危险男人交往过的女性们，用自己的经历一次次证明，女性对边界侵犯的容忍会产生"超耐受性"，以至于最终产生超容忍。

在超容忍的心态下，不正常的行为也变得正常了。如果放任自己的边界被一遍遍践踏，就好像沙滩里的那条沙线被风吹平，那么你的领土会越来越小，直到最后，你的忍耐完全没了底线，你的零容忍区在你一次次的默许之下，寸土不剩。

我们一定要记住第一章中关于精神疾病的讨论。有精神疾病的男人所实施的边界侵犯可能格外危险。边界侵犯越严重，越能说明越界者的心理和精神问题有多么顽固。严重的边界侵犯包括以下内容（这些是评价心理和精神疾病时应考虑的危险因素）。

※ 威胁说要干掉某人或某物。

※ 袭击孕妇。

※ 当着他人的面袭击人。

※ 强暴女性，包括自己的伴侣。

※ 违反法庭限令。

※ 跟踪他人，无论出于什么原因。

※ 屡次实施以上所列的任一行为。

健康的关系和不健康的关系

从边界的角度，女性应该怎样区分什么是健康的关系，什么是不健康的关系呢？在一段感情中，哪些行为是不健康的呢？下表提供了这些问题的答案。

── 健康关系的表现 ──	── 不健康关系的表现 ──
开放坦诚的沟通	戏耍式的或操控性的沟通
在关系之外有自己的朋友	除了伴侣之外，几乎没什么朋友
为自己生活中的不幸和幸福负责	让别人为自己的幸福承担责任
完整的自我认同	只有和其他人在一起的时候，才能感受到完整
独处和共处的时间平衡	独处的时间太多或共处的时间太多
不用借助药物或酒精就形成亲密的情感联结	借助药物或酒精来建立虚假的亲密
适当程度的忠诚	过度忠诚或忠诚度不够（标准视关系建立的时长而定）
在感情中保持灵活变通	在感情中不知变通
知道自己的需求	不知道自己的需求
表达自己的需求	害怕表达自己的需求

一个人如果在以上这些或其他方面有过边界侵犯，可能预示着他后面还会出现更严重的越界。

危险男人的具体表现

除了建立良好的边界，养成守卫自己边界的习惯，你还需要了解一下危险男人都有哪些特征。这些特征如下文所述。了解这些，可以帮助你进一步提高认知，让你在遇到危险男人时，能够在陷得很深之前认清他们的真面目。但这些只是一些一般性的指导原则。最可靠的危险预警信号应该是你根据自己的感情经历所做的个性化总结。本书所附的练习册包含了一些可以帮助你实现这个目标的练习。

一个危险男人可能有下面的特征：

※ 不尊重你的独处需求。

※ 催着和你见面。

※ 阻止你追求自己的兴趣爱好，并且阻止你与家人和朋友联系。

※ 让你做一些你不想做的事情，比如撒谎、借给他钱、发生性关系等。

※ 吸食毒品（任何形式的毒品，只要沾染，都是一个危险信号）。

※ 经常性或大量饮酒。

※ 经常性失业（求学期间除外）。

※ 经常换工作或被解雇，但总是能找出看似正当的理由。

※ 总想干预你的发型、着装、行为、朋友、工作以及信仰。

※ 想让你为他放弃或更换工作 / 朋友。

※ 曾经谈过多段不成功的恋爱。

※ 患有性传播疾病，无论是过去还是现在。

※ 撒谎成性。

※ 隐瞒有关自己的重大信息，直到最后你自己发现真相。

※ 在身体、情感、语言或者性行为方面表现得粗鲁或奇怪。

※ 极有魅力，从不说错话，显得极为精明。

※ 曾被诊断出有精神疾病，包括：

　　　未经治疗的抑郁症

　　　焦虑症（可能表现为紧张不安）

　　　双相情感障碍，尤其是未经治疗或者只偶尔接受治疗

行为障碍或反社会型人格障碍

精神分裂症或其他心理障碍

自恋型人格障碍

药物滥用（未成功戒断）或有成瘾行为

边缘型人格障碍

创伤后应激障碍

※ 有犯罪记录，尤其是

屡次超速违章

屡次酒驾违章

猥亵女性

殴打他人

其他侵犯人身安全罪

性犯罪

伪造罪 / 开空头支票罪

※ 对孩子不负法律责任。

※ 不会变通，不能够为了一个临时的要求而调整自己。

※ 觉得规则是用来制约除了自己之外的其他人的。

※ 感觉或表现得自己很特别。

面对危险男人，女性是去是留

至此，我想我已经解释得非常充分了，为什么女性不应该选择危险男人作为婚恋对象。我在本书中介绍的女性们已经通过自身的经历向我们发出了警示：和危险男人在一起注定是以悲剧收场。科学研究也表明，你和你身边的危险男人基本上也难逃此铁律。此外，我也表明了我的态度。我认为你需要尊重自己的危险预警信号，退出这条死胡同，离开那些具有毁灭性，甚至可能要你命的危险关系。现在，是时候将理论付诸实践了。当然，决定权在你自己手中。

我在第八章中已经说明，面对危险男人，你是否选择离开完全由你自己说了算。另外还要记住，如果决定离开，你还需要其他人的支持，给你提供相应的资源和后盾。如果你面对的是一个是施虐型或暴力型男人，或者身在一段具有潜在暴力倾向的情感关系中，那么你尤其需要外援。

如果你去意已决，那么就联系相关的人员，寻求他们的建议、帮助和支持，以确保安全逃离。此外，你应该去寻求咨询服务或者参与互助治疗，弄清楚自己为什么会选择这种男人，又能够从自己的经历中学习到什么。你要找到一些支持你的人，确保你既能在当下安全离开，又不给未来埋下隐患。

女性需要了解并注意提示危险行为的普遍信号。如果你从正在考虑交往的男人身上观察到了本章概括的一些行为，一定要给予足够的重视。但我鼓励你不要止步于此。你还需要向前一步，重启内部的危险预警系统。此外，还要将你收到的危险预警信号与本章中描述的行为清单做比对。你能重新唤醒接收情感性、身体性或精神性信号的能力，才是最重要的。对此，下一章会做讨论。另外，你还可以利用本书所附的练习册来创建自己的"约会黑名单"。通过做练习，你可以以自己的方式吸收这些内容，明确你将来需要重点避开什么样的男人。记住上文所罗列的危险男人的特征，仔细倾听你内心的声音，创建属于你自己的黑名单。

问卷：再遇危险男人的风险

如果你想要为自己创造一个新的未来，一个没有危险男人的未来，一个有健康男人相伴的未来，你可能就有动力继续下一步，弄清楚自己有多大风险会再次遇到危险男人。

对于每个问题，如果你的答案是"是"，给自己打两分。如果答案是"否"，给自己打零分。

_____我曾经交往过一个以上的危险男人。

** _____我曾经交往过三个以上的危险男人。

** _____我曾经交往过五个或更多个危险男人。

_____我曾经和一个危险男人分手，但是最后又与他复合。

** _____我交往的一个危险男人符合暴力型男人的定义。

_____我交往的一个危险男人符合成瘾型男人的定义。

_____我交往的一个危险男人符合有精神疾病型男人的定义。

** _____我交往的一个危险男人是施虐型或暴力型、成瘾型和有精神疾病型男人之中的两种或两种以上的组合

_____我经常忽视自己的危险预警信号。

** _____我曾经因为忽视危险预警信号而将自己置身于被危险男人伤害的险境。

_____我甚至不知道我的危险预警信号是什么。

_____我的朋友和家人不满意我挑选的人。

_____我曾经不止一次交往过心不在焉型男人。

_____我不知道什么是健康的亲密关系。

_____我在心不在焉型男人、藏有秘密型男人、施虐型或暴力型男人、永久黏人型男人或者是寻求抚育型男人之间来回横跳。

_____我没有挑选不同类型的危险男人，我只挑其中一种，尽管这些感情都没有什么好的结果

_____从小我就被教育说要无条件信任别人，不能相信自己的感觉和直觉。

总分 _____

遭遇危险男人的风险等级

（注意，此标准不能作为临床诊断标准）

在考虑你有多大的可能再次遇到危险男人时，不仅要看总分，还要看一看你对哪些问题回答了"是"。带星号的问题代表着有较高风险的项。如果你对任何一个带星号的问题回答了"是"，那么需要引起额外的重视。

0~8分　　　低风险（除非你对某一带星号的问题回答了"是"）

10~18分　　中风险（除非你对某一带星号的问题回答了"是"）

20~34分　　高风险（除非你对某一带星号的问题回答了"是"）

风险评级处于中度和高度的女性应该接受心理干预。第一步需要配合本练习册的练习。练习册能够帮你更进一步挖掘、反省和改变自己的自毁性行为模式。除了完成本书的危险男人鉴别课程，你还需要考虑寻求专业意见，让心理学或精神医学专业人士帮你改变给你带来毁灭的行为模式。

第十二章

真诚面对自己，
留意危险预警信号

无视危险预警信号是一种具有破坏性的反应模式。这也是我们为什么说，不存在受害者，而只存在受害志愿者。要改变你选择危险男人的习惯，你需要仔细琢磨某个男人在情感层面、心理层面、身体层面、精神层面和性层面给你带来的感受。失去对这些内在提示的觉察，本质上是一种对防御机制的自毁。

上一章围绕着男人的行为展开，讲述了男人的哪些行为表现意味着他不合适约会。本章则把焦点转向了女性。本章论述的是，女性的哪些表现会提示"对方不是对的人"。关注男人的行为，只能消除危险亲密关系模式的一边，要移除另外一边，还需要探究女性的经验和行为模式，如此才能从不好的经历中学习并做出改变。

危险预警信号失灵的三种形式

有些女性无法根据自己内在的危险预警系统采取行动，这种失败往往有三种表现：没有注意自己的危险预警信号；过多地将能量消耗在埋怨男人上面；不对自己从原生家庭中接受到的训练和教育提出质疑。我们接下来逐一解析这三种行为。

无视

要避开危险男人，首先要对危险男人的行为进行定义。同样，你还要留意，当男人表现出异常的行为时，你是否做出了反应，以及做出了什么样的反应。你还要对你的这些反应进行观察，而不能无视，因为你的反应是你的天然危险预警信号。如果想要调整应对危险男人的策略，那么你就必须重新连接你的危险预警系统。我们在第二章中已经讲到，如果你向内倾听，你会发现你的身体、心灵和精神，都在向你诉说着它们对某个人的看法。本书中，我已经充分阐明，一些女性会经常性地无视危险预警系统发来的信号。如果你持续地对传送过来的危险预警信号充耳不闻，这些信号就会慢慢消失在你的意识领域中。无视危险预警信号是一种具有破坏性的反应模式。这也是我们为什么说，不存在受害者，而只存在受害志愿者。要改变你选择危险男人的习惯，你需要仔细琢磨某个男人在情感层面、心理层面、身体层面、精神层面和性层面给你带来的感受。失去对这些内在提示的觉察，本质上是一种对防御机制的自毁。当然，你也可以选择聆听内心的声音，并在此基础上组织自己的行动。改变的机会就握在你的手里。

推卸责任

要颠覆你的择偶模式，首先需要摆脱怨妇的立场，不要继续将过去在感情中受到的伤害都归咎于是男人的错。你必须认识到，在一段感情建立和经营的过程中，你可以是主动参与的另一方。当然，在这里我讨论的并不是被强迫或者遭受暴力的情形。我讲的是两个成年人在双方同意下所建立的双向感情。有一些女性可能并不这样认为，而是觉得择偶一事不存在双向性，女性只是频繁无辜地被卷入到了危险关系中，也因此，女性遭受到的伤害全部都是由男人一手造成的。我本人并不完全认同这种观点。

在情感中，男方和女方各自都有着交互性的和个人化的心理，围绕着这些心理本身存在着非常复杂的问题，如果将一切原因都推到男人身上，就过度简化了这些问题。同样，这种观点也完全忽视了女方的主动因素。有些女性不停地选择危险男人，很多时候也与女性的识人不清有关，有些女性往往屡错不改，有的女性有自己的心理问题。如果完全否认自身的弱点，女性也就丧失了自我成长的能力。在这种理论中，女性是软弱而毫无反抗能力的。女性手握成长、领悟和改变的机会，女性可以掌握船只的航向，掌握自己人生的进退。怨妇思维只能剥夺女性为自己承担责任的能力，完全无法改变女性的危险处境。这种思维给女性的思想和行为提供了危险的辩护。如果一切对错都只是男人的，女性还有什么可以做或可以改变的呢？一个沉浸在怨妇思维的女性，又怎样能够护自己呢？

有毒的家庭教育

女性从小到大接受的家庭教育和规训，也可能会让我们更容易接受危险男人作为自己的情感伴侣。要建立一套行之有效的防御策略，首先，你必须要弄清楚，你忽视男人的危险行为，是基于你本人什么样的心理因素。女性在应对危险男人方面存在的心理参数异常，有很多原因可以回溯到童年时期。在你小时候，你的家人或你的家庭氛围已经促使你开始有下面的行为。

※ 为不正常的行为进行辩解。

※ 低估危险性。

※ 否认恐惧、担心或不安等情绪。

※ 接受虐待。

※ 认为成瘾是男人的正常行为。

※ 不要求他人赢得你的信任，而是立即无条件信任他人。

※ 违反自己的价值观和道德观，接受已婚男人作为恋人。

※ 允许别人侵犯你的边界，而不让他们付出任何代价。

※ 在你觉得应该表达抗议的时候选择沉默。

※ 接受任何类型的男性关注，并且为能得到这样的关注而沾沾自喜。

※ 想要拯救情绪不稳定的男人。

※ 不愿意结束失败的恋情。

※ 永远乐观地认为，所有的男人都可以，并且终将做出改变和实现成长。

※ 故意淡化危险行为的危害性。

※ 从不说"不"。

※ 从不拒绝任何一个追求自己的男人。

※ 不愿意给一个男人贴上"酗酒""精神异常""问题很大"的标签，因为那样你可能就说服不了自己继续和他交往。

如果你继续听信这些有毒的家庭教育，那么你离毁灭也会更近一步，你的行为和信念也会将你推向危险男人。

普遍的危险预警信号

有些危险预警信号表明了不可否认的事实。世界各地的女性在面对危险男人时，都会接收到类似的危险预警信号。聪明的女性会利用这些信号，作为检验亲密关系并在必要时结束关系的契机。这些信号包括下面所列的：

※ 你对他所说或所做的觉得不安，这种感觉挥之不去。

※ 你感到生气或害怕，或者他总是能让你想起你认识的一个很有问题的人。

※ 你想让他走开，想要喊叫，或者想要跑开。

※ 你害怕接他的电话。

※ 你经常厌烦他。

※ 你觉得在他生命中，除了你之外，其他人都不了解他。

※ 你觉得在他生命中，除了你之外，其他人从来没有真正爱过他或帮过他。

※ 你觉得你自己是唯一能够帮助、理解或爱他的人。

※ 你想用你的爱"修复"他。

※ 你觉得你可以改变或修正他的人生。

※ 你允许他从你或你的朋友手里借钱。

※ 当他在你身边的时候，你会觉得自己很差劲。

※ 你觉得他想从你这里索要的东西太多。

※ 你觉得和他在一起心很累，感觉他在榨干你。

※ 你们有着截然不同的价值观念，经常无法达成一致的，这种矛盾也已经给你带来困扰。

※ 你们有着截然不同的过去，并经常为此起争端。

※ 你会对你的朋友说，你不确定这场感情的好坏。

※ 你觉得自己已经开始与朋友或家人疏离。

※ 你觉得他太迷人或者美好得有点失真。

※ 你觉得自己是错的一方，因为他总是对的，而且他会不惜一切代价向你证明他是对的。

※ 你觉得很不舒服，因为他总说他知道什么东西最适合你。

※ 你发现他对你的需求太频繁、太过量或者太强烈。

※ 你怀疑他并不真的懂你，只是嘴上这么宣称。

※ 你觉得不舒服，因为他不恰当地触摸了你的身体，或者太快与你有了肢体接触。

※ 你发现你们才刚认识不久，他就开始向你袒露他的过去或者情感伤痛。

※ 你感觉他在急切地要求与你建立情感联结。

※ 尽管你并不相信，但他还是宣称，他觉得和你亲密无间（一种虚假亲密的表现）。

※ 他急切地想要和你发生性关系，同时你发现自己也暗暗想要放弃自己的情感边界。

※ 你觉得他像变色龙，你发现他可以取悦眼前的任何人。

※ 你发现你们还没认识多久，他就开始向你讲述过去失败的恋情，他的前任们以及她们的缺点。

※ 你发现他谈论最多的是他自己，他的规划、他的未来。

※ 你注意到，他花费大量时间看暴力电影、电视节目或者玩暴力游戏；他有时沉迷于暴力、死亡或毁灭。

※ 他向你袒露现在或之前曾对药物上瘾。

※ 你了解到，他过去面对重大人际关系问题时处理得非常欠妥。

※ 他承认过去一直比较暴力，或者会在压力大时使用药物或酗酒。

※ 你发现他曾与多个伴侣生育过孩子，拖欠孩子的赡养费，并且很少去看望孩子；你发现你自己开始埋怨这一切都是那些孩子母亲的错。

※ 尽管你收到很多危险预警信号，只要稍加留意，就能够让你下决心终结这段关系，但你还是选择暂时接受他。

※ 你为自己为什么和他约会找了很多借口。

※ 你为他的性格开脱，并且淡化他的不良行为。

错误认知

我希望，出现在本书里的所有女性都从她们过去的失败经验中吸取了足够多的教训。毕竟，她们愿意花时间和我们分享她们的故事，也肯定是因为她们开始关心自己的生活质量。但遗憾的是，这些女性中有一些仍然选择继续行走在老路上。

那些总是挑选危险男人的女性，她们之所以做出这样的选择，也都是基于她们的错误认知。这些女性从小到大被家人以身作则地灌输了错误的观念。或者，她们通过不断和危险男人打交道总结出了一些错误观念。每经历一轮与危险男人的交锋，这些女性就会从中领悟到一些错误的感想，并将这些感想内化为自己对男人和亲密关系的思考。本书前前后后已经从不同的角度讨论过这个问题。我们提到了日常的家庭教育，社会潜规则、性别角色和文化背景。根据我与女性们打交道的经验，关于危险男人，女性最容易形成下述的一些错误认知。

错误认知一：危险男人必然从事着危险的职业。危险男人不可能是消防员、社会工作者、教师或者医护人员。

错误认知二：危险男人必然出身于不正常的家庭，他不可能是他们家庭中唯一一个危险分子。

错误认知三：危险男人一眼看上去就是危险的，他们不可能干净体面、英俊潇洒、思想保守或者品味非凡。

错误认知四：我这一辈子只会遭遇一个危险男人，如果我已经遇到过一个，就基本上没有可能再遇第二个。毕竟，吃一堑长一智。

错误认知五：一个危险男人不可能会花很长时间了解我，我现在已经和这个男人电话联系了好几周，但目前还没有出去和他正式约会过。所以，他不可能是一个危险男人。

错误认知六：危险男人不可能去参加志愿者活动，或者做慈善。我现在感兴趣的男人，他乐于助人、体贴备至，还赡养着年迈的母亲。不仅如此，他还在医院做义工。做这些事的男人肯定不是危险男人。

错误认知七：危险男人不会吐露关于他们自身的信息。我现在接触的这个男人，把他的一切都告诉了我，所以他不可能是一个危险男人。

凯蒂和她的历任危险伴侣

通过凯蒂的故事，我们可以看出女性的错误认知是怎样随着她多次选择危险男人而显露出来的。不幸的是，凯蒂的经历还具有相当的普遍性。很多女性会像凯蒂一样，不给自己留长一些的空窗期，以检视自身一些荒谬的观念。即便这些观念的荒谬性已经得以证实，但她们仍然奉为圭臬。

凯蒂是一个聪明迷人的银行高管，本书中描述的危险男人类型，她几乎都遇到过。即便如此，她也完全不吸取过去的教训，她完全没有检视一下自己择偶模式后的内在心理动因，也不质疑自己对男人及其本性的错误认识。

"我的第一任丈夫叫汤姆，这个男人，我连喜欢都说不上。他是第一个表现出对我有兴趣的男人。我们结婚时很年轻，都是刚满法定年龄。我对他几乎没有什么了解，我知道，我不应该和一个我不了解甚至是不喜欢的男人在一起，但是我就是不听劝，甚至是不听我自己的劝。汤姆患有晚期囊性纤维变性，我当时觉得可以在他余生的几年里好好地照顾他。他似乎也想要一个女人能在他患病期间照顾他。和他结婚的几个月里，我就意识到我犯了一个可怕的错误。有天晚上我回到家时发现他晕倒在地上，我被绊倒，摔在了他身上，他醒来后怒不可遏，打我骂我，抄起家具往我身上扔。于是，我回了我父母家，并且与他离了婚。经历过这场婚姻灾难后，我并没有去寻求心理帮助，而是就这样翻了篇。

"我的第二个伴侣是罗伯特，我和汤姆离婚后不久就认识了他。我们交往了大约一年，然后他说他要搬到迈阿密，想让我和他一起走，我同意了。他甚至都没有问我的意愿，但如果我要想和他在一起，就只能跟他走。

"他拉我看淫秽影片，我从小到大是虔诚的天主教徒，从不看那些东西。但他说，这种行为没有什么不对。他有一种说服我的本事，能劝我做一些内心并不想做，也觉得不应该做的事情，就好像他有一股能够控制我的魔力。所以即便我觉得心里不舒服，但还是妥协了，我开始沾染一些色情的东西。

　　"后来因为工作原因，他又要搬去别的地方，我告诉他，如果他不和我结婚，这次我就不跟他走了。他同意了我的提议，于是我们结了婚。但我觉得，他从来没有对这段婚姻和我们的关系产生真正的归属感。婚后不到两年的时间，他就搬出去住了，他提出离婚，因为他又遇到了另外一个女人。我怎么就没有过一丝一毫怀疑呢？我憎恨自己竟然堕落到为一个抛弃我的男人而沉迷色情片。

　　"我伤心极了，也绝望极了。即便如此，我还是不想单身太久。就在离婚的第二年，我认识了詹姆斯。当时我的离婚程序还没走完。在我最需要人陪伴的时候，他出现了。他离异，有两个孩子，需要支付前任和孩子的抚养费，所以他身上一直没有钱，也没有车，连生活物品都短缺。我开始给他购买生活必需品，把我的车给他用，然后给自己换了一辆新车。他因为戒酒的原因，身体遭受着很大的疼痛，所以需要吃一些止痛药。我当时觉得没问题，我可以照顾他。在我们结婚的十三年里，他的止痛药从一种换成另一种。他还非常缺乏安全感，所以在这段感情之外，我也没有结交其他的朋友，也刻意拒绝了许多家庭聚会的邀请。他告诉我，他和他母亲的关系向来不亲密，他从一个领养家庭辗转到另外一个领养家庭。好多个晚上，他都要求我摸着他的头，反复跟他说'一切都会好起来的'。他眼睛里有那种孩子般的恐惧。

　　"他没有办法像正常人一样生活，所以我要承担所有家务，我要做饭、洗衣服、买东西、支付账单，同时照顾自己，还有他。这让我感到很崩溃。所以当我把我的感受告诉他时，他指责我说：'你不是我想结婚的那个女人。'当我只是想让他照顾好自己的时候，我们的感情就破裂了。直到这个时候，我也没有参加任何心理咨询，也没有想弄清楚为什么我会经历这么多失败的感情。

"仅仅在一年之后，我又认识了丹尼尔，这个男人说他随时都可以离婚，只差一道书面程序。他有一个年幼的儿子。他似乎想和我抚养这个孩子。在我们交往的几个月内，他不断向我保证他会离婚，但始终没有兑现承诺。他问我借钱支付律师费，但是我拒绝了。由于他的孩子还小，他经常会去陪伴孩子。当然这也可能只是我的猜想，但是我敢肯定他还有其他女人，因为他传染给了我疱疹。当我找他对质的时候，已经找不到他人了。我开始参加互助会，因为我意识到我自己存在着一些病态的心理和行为模式。在患上疱疹后，我确信自己已经摸透了这些男人。

"我故意让自己单身了好几个月，在这期间，我反思自己为什么落到了被男人传染性病的地步，同时也去参加心理互助会。不久之后，我又遇到了盖里，他是我的邻居。我喜欢他的笑容，他外向的性格，他总能把我逗乐。我知道他正在和我们那条街上的另外一个女人谈恋爱。我询问了她的情况，他告诉我说他俩正打算分手，但现在还有一些问题要处理。尽管知道他前缘未断，我还是给他留了我的电话号码。其实，在给出号码的那一刻，我就预感我做错了。但即便知道不对，我也没有告诉他别给我打电话，也没有换号码。我将心中收到的危险预警信号强压了下去。当天晚上，他就给我打了电话，约我在海滩见面。刚一见面，他就开始摸我的胸，我被吓了一跳，但他恭维我又性感又奔放，这些话让我很受用。他所有的话都顺着我说。每当我觉得不安时，他就会抛出一些言语安抚我，让我跟着他的思路走。他有一辆很大的哈雷摩托车，和他在一起我觉得狂野而自由。

"他说在他和女朋友完全断开之前，只能暂时和我悄悄恋爱。我开始感觉到事情不对。我问了他一些问题，他的回答也验证了我的感觉。他的女朋友吸毒、酗酒，同时还是一名脱衣舞女郎。但即便了解到这些，我仍然没有怀疑他什么。他会开车送他女朋友去上班，然后再和我碰面，跟我发生性关系。他要求我跟他做一些非常奇怪的性动作。我对他要求的内容不熟悉，也感到难以接受。我的危险预警系统提醒我，这个男人可能存在性成瘾或者别的什么问题。最终，事实证明我的怀疑是对的。他开始通过邮件给我发送淫秽内容，我让他不要这么做，但是他完全不听，那种感觉就好像是他通过互联网跟踪我。

"当我向他提出分手时，他非常愤怒，他发怒的样子让我觉得很害怕。我总是觉得，他的狂野叠加着一种失控的愤怒。他似乎很容易就发起疯来。两周之后，他给我打电话，让我和他见面聊聊，但他实际上还想和我发生关系。这个时候，他仍然没和他的女朋友分开。我最终还是和他见了面。不过现在，我已经完全失去了他的消息。

"我想知道我为什么会陷入这样错乱的情感生活中。当我回首我的过去、我的婚姻，我看到的是自己不停地扎到一段又一段坏透了的感情里。我是一个银行高管，是一名职业女性，为什么我会不停地挑选这类糟糕的男人呢？每当我深陷其中，就沉迷而不自知。我为什么会对自己感受到的危险置若罔闻呢？天知道，我已经四十五岁了，这种事不应该再发生在我的身上了。"

凯蒂开始参加针对性瘾者和恋爱瘾者的互助会。她认识到，她遭遇的一系列婚恋问题并不只是单纯的问题，而是可能会给她带来持续性伤害的、危及生命的成瘾问题。她已经感染了性传播疾病。她经历过的男人，涵盖心不在焉型、永久黏人型、寻求抚育型、情感捕食型、隐藏秘密型、成瘾型、施虐型和接近暴力型的男人。她的人生已经完全失控。

凯蒂开始认真地参加心理治疗，她每周都会去几次。她给自己好几个月的空窗期。但这段时间过后，她觉得自己的问题已经得到了彻底解决，竟然放弃了心理康复计划，又开始和一个叫比尔的男人谈起了恋爱。

凯蒂说，比尔和其他男人不同，这种不同体现在很多方面。凯蒂觉得，自己已经接受过一些心理辅导，从互助会那里也学到了一些经验，她觉得自己看人的眼光已经变得犀利，觉得过去所累积的伤痛已经足够使她学聪明了，觉得她之前已经遭受了那么多的创伤，从今以后选择的男人只会越来越好。她不仅觉得自己已经焕发新生，甚至觉得比尔也与以前遇到的男人都不同。第一次约会时，他们去了教堂吃早饭。这是多么大的转变呀！从沉迷于色情的盖里，到喜欢去教堂的比尔。她喜出望外，觉得一只脚已经迈入了幸福。

不久之后，凯蒂彻底放弃了心理互助会。比尔成了她生活的中心。凯蒂又开始像原来那样行事。心中的危险预警信号响了一次又一次，但凯蒂仍然像过去一样直接选择了无视。此时，互助小组已经成为了遥远的回忆。

但当比尔的说辞里满是破绽时，凯蒂最终决定让自己醒过来。她选择与比尔分手，但是比尔不停地给她打电话求复合。他开车来到她家，即便她一遍遍地把他赶走。他打电话给她的邻居，询问她的情况。他打听凯蒂的行踪，听说凯蒂在哪里，他就出现在哪里。

他不顾凯蒂的拒绝，继续给她发邮件、写信。最终，凯蒂向法院申请了限制令，直至得到警察的保护，她才得以摆脱这第六个危险男人。此事过后，凯蒂又再次回到心理互助会。

错误的结论

　　凯蒂的例子很典型，她不断忽视心中的危险预警信号，罔顾十八岁以来几段婚恋关系给她带来的教训。由于不回应内心的预警，她遭遇的男人也变得一个比一个凶险。凯蒂需要接受专门的心理治疗，帮她好好看清楚她的择偶模式背后隐藏的心理动机、错误认知，以及她对待男人那种飞蛾扑火的疯狂态度。

　　通过凯蒂的故事，我们能看到，前面罗列的几种错误认知被她占全了。

※ 她天真地认为一个危险的男人必然会从事一份危险的职业，出身于明显不正常的家庭，或者长着一副危险的面孔（错误认知一、错误认知二、错误认知三）。

※ 她在认清前几个男人的危险性之后，开始不再警惕后面的男人。她觉得自己已经经历过几段危险的关系，不会再重复过去的错误（错误认知六）。

※ 至少有一个人在第一次约会时带她去了教堂，她就因此解除了自己的危险预警系统（错误认知六）。

※ 其他几个男人都能言善道，善于展示自己，这也让凯蒂觉得他们非常真诚（错误认知五和错误认知七）。

此外，凯蒂到目前为止的行为表明：在她心中，和一个摧残自己的男人相伴，要好过无伤无痛、风平浪静的单身生活。她觉得这一次和这个男人建立的这段关系会不一样，但实际上，她本人需要找心理专家帮她分析，她为什么会对自己嘶吼的潜意识不闻不问。到目前为止，她还没有仔细地反思过自己遭遇的危险男人都属于哪些危险类型，也没有检视过他们的行为模式。要想远离危险的亲密关系，遇到靠谱的伴侣，凯蒂首先需要罗列、定义、整理她的历任前男友，制作自己的"约会黑名单"。

凯蒂没有意识到，每当她进入一段新的关系时，她就会允许自己全部的生活跟着对方改变。她将自己比较健康的生活搁置一旁，不再与朋友联系，也不再参加互助会，不再去教堂，也放弃了其他用来关爱自己、平衡生活的正常活动。她切断了一切正常的信息渠道，从这些渠道传来的信息本可以改变她的思想和她的行为。这种切断与外界联系的做法对凯蒂来说也应该是一个危险信号。当一段又一段关系走向破裂的时候，她又开始着急忙慌地寻求答案。她以为在两个月时间内保持单身，参加几次互助会就能找到答案，就能从此远离危险男人。互助会的确非常有助于一个人恢复理智，但前提是，你要坦率地直面你的行为和习惯。如果一个人觉得参加几次互助会，给自己两个月的情感空窗期，就可以改变今后的人生，这绝算不上是对自己坦诚。

截至目前，凯蒂在互助会内的学习并没有起到什么作用。凯蒂的这种情况在女性中很常见。很多女性在情感空窗期会去接受心理辅导，参与小组治疗或者参加互助会。但等她们一结识新欢，就会立即停止此类自救。也许她们担心，如果继续接受心理干预，她们很快就会发现当前的关系中她们不愿看到的阴暗面。如果她们停掉心理辅导或互助会，他们就可以将失败归结于因为中断了心理干预，所以又再次犯了错。用互助体系的话来讲，这是在"愚弄自己"。当你中断外界的支持，并将自己做出的坏决策全归因于恶习复发的头上，你就是在愚弄自己。从某种程度上来说，是你自己决定要偏离康复之路，要重新进入危险关系中的。

凯蒂从她二十七年的混乱情史中汲取的教训远远多于两个月的互助会。可惜，她并没有真正领悟这些教训，也严重低估了自己纠正原有不良择偶模式所需的时间。如果凯蒂继续接受心理治疗，参与互助会，那么她的情感生活可能会更加健康。

如果凯蒂能认识到，自己才是需要做出改变的人，那么她以后的感情之路应该会顺畅很多。我们的外部环境会随着我们内心对环境的理解而改变。当我们的认知、知识和智慧促进了我们人格的成长，那么外部世界与我们崭新的内部世界的关系也会发生改变。当我们鼓起勇气，剔除生命中存在的、于我们而言无意义的东西时，我们就能给自己创造新的现实。梭罗说："万物不变，是我们在变。"如果我们能够汲取这种智慧，就能够明白，我们经历的失败关系和危险男人，同时也能映照出我们自身的性格缺陷。这种映照同时也指明了解决问题的方向，照亮了解决问题的道路。

否认问题、淡化问题、合理化问题、无视问题或把责任全推给他人、拒绝成长，这样的态度不会改善我们的状况，不会让我们有所长进。唯有坦诚、反思、分清责任、修正过去的不良模式，才能让我们看到改变人生的希望。

第十三章

新生活，新选择

只 有你能在生活中腾出空间来自我疗愈。只有你能给
自己时间和耐心，了解并改变你之前那套具有毁灭
性的择偶模式。你应该将一点一滴的正能量用在创造健康
的生活上。从今天起，开启新的改变。

我们现在再看一看本书前面介绍的两位女性的故事。

西拉的新生

西拉的故事出现在第七章。她说她现在的生活已经焕然一新。尽管蔡斯在服刑结束后仍和她生活在同一个镇上，但是西拉觉得她的生活已经正常多了。

"我偶尔还会在镇上碰到他，但我坚守着我的边界，从不和他攀谈，怕他把那误会为亲近，尤其是考虑到他的脑子不正常。在听到他出狱的第一时间，我立马换了电话。我告诉我的孩子，如果他走过来，在言语上应该如何应对。我们还制订了一个家庭安全计划，这样，当他打电话过来、登门来访或者闯进我们家里时，我们就可以立即采取措施。

"更重要的是，我理清了我的生活和选择。我现在不适合谈恋爱，我把这个结论告诉了我最亲密的朋友们，让他们帮助我守住这份决心。我让他们监督我，直到我弄清楚我的人生中为什么会发生了这样的事。我觉得，要明白这一点，不是花半年时间做情感复盘，或者是留半年时间的感情空窗期就够的。我曾经交往过两个糟糕的男人，为了改变我的生活和我的未来，我肯定需要更长的时间来反思。

"我现在已经找到一些办法，让自己在没有伴侣的情况下也能生活得很好。如果我需要一个男人来让我更完整，那么我无疑是在陷害自己。我必须学会好好经营自己的生活，让自己开心，哪怕没有异性陪在身边。我拓宽了我的社交圈和活动范围，我会花很长时间陪伴孩子，天知道他们经历了多么大的苦难！他们需要母亲的陪伴。

"最重要的是，当我和一个男人交谈时——无论对面的男人是谁——我现在都能够清楚地觉察我心中响起的危险预警信号。我正在学习根据这些信号，把注意力转移到我所感觉和感受到的事物上。我甚至还学会了自我倾听。当我和一个男人聊天的时候，我会倾听我自己的想法，我想搞清楚我的心理状态，我发现我有时候会忽略关于男人危险性的一些重要提示。当我这么做的时候，我知道我实际上是在淡化或是选择性忽视一些不好的东西，这样一来，我之后就可以找借口说'我当时不知道这个情况，但现在我们已经在一起了'。因为知道自己还存在着这方面的问题，所以我不打算接触男人。我现在仍然会对男人身上的某些问题睁只眼闭只眼，而这只会将我再次置于险境。

"我现在需要实事求是，不要把精神疾病描述成常规的缺点，这种做法隐藏着一个逻辑——既然每个人都不完美，那么我们要接受对方身上的缺点，就像他们也得接受我们身上的瑕疵一样。我可以接受与我没有亲密关系的人的问题。但是在找伴侣这件事上，我的眼光要放得高一些。我不能找一个精神不正常的男人做伴侣。精神疾病病人的确很可怜，但是这样的男人不应该出现在我和我孩子的生活中。我现在已经知道，接受精神疾病就是接受情感关系和正常生活的终结。不然还能是什么？蔡斯给我的教训已经够了。

"现在，我的理智体现在两个方面：一，坚决不要让自己再回退到以前的行为模式。二，不急着去建立新的关系。我这么做不是在逃避，相反，我是在自愈。"

西拉给自己留了非常宽裕的情感空窗期，她给了自己疗愈的时间，而不是屈从于社会压力，急切地摆脱单身。她把自己放在首位，看重自己的心理康复和思想蜕变，确保自己能够一直响应内心的危险预警信号，并反思自己遭受不良关系的原因。

对女性来说，给自己留一段足够长的情感空窗期大有益处。不幸的是，有些女性不愿这么做，因为她们害怕孤单。如果一个女人害怕孤独，这也是危险信号。很多女性经常会问我，她们需要单身多久才能再次恋爱，就好像这个空窗期让她们备受煎熬，对下一段恋情翘首以盼。她们想要知道如何加速康复进程。多读几本书，多参加一些互助会，或者接受心理治疗，就能让她们早一点回归情场吗？关于这些问题，针对每个女性的答案都不同，但我可以说，根据我的经验，大多数女性宁愿与危险男人纠缠数年，也不愿给自己多留一些成长和思考的时间。比如凯蒂，她二十七年以来辗转于糟糕的关系间，她的经历所暴露出的问题，绝不可能通过读六个月书就能解决，在那么短的时间内，她绝不可能学到什么实质性的经验。深刻的领悟根本无法通过心理康复速成技巧来实现。

詹娜的新生

第十章里介绍的詹娜也学习到了一些新东西。

"在认识科里的时候，我还年轻，刚上大学，也没有多少恋爱知识。分手的时候我年轻又天真，我给自己打气，让自己尽快走出来。

"接下来的两年，我几乎没怎么和人约会过。我知道，如果我想拥有一段成功的恋情，首先需要让过去的经历沉淀一下。我那时虽然年纪小，脑子却清晰。所以，我只是参加联谊会。第一次见面的时候我都会告诉对方，我不打算认真发展。我说话算话。我开始观察自己是怎么和男人互动的。我像一个旁观者一样，坐在那里评估自己的状态和行为。

"我尤其注意我从捕食型男人那里了解到的特征：肤浅的魅力、油腔滑调和阿谀奉承。我能够一眼看穿这类男人的伎俩，但是我也知道，危险男人不止这一类。我不知道怎么解释我的这种感觉，我猜这就是觉察力吧！我让我身边的男性或女性朋友监督我，如果我又选择了什么烂男人，或者允许自己接受男人表现出来的一些糟糕行为，他们有权把我踢醒。

"那段往事已经过去了十年。我现在的感情生活非常美好。我是一名专栏作家，我和我的伴侣一起创造了温馨健康的生活。他温和、开明、善良。但是我们开始接触时，他还是等了我很久我才答应和他约会。因为经历了那件事之后，我不会再为任何人匆匆走进一段关系。我想，如果他不愿意付出一点时间等待，这已经很能说明问题，说明他可能就不适合我。

"现在有一些交往危险男人的女性来向我讨教。我总是会跟她们讲一讲我与那个捕食型男人的故事，和她们分享我是怎样及早脱身以及学聪明的经验。如果我只是怨天尤人，历数他的问题，抱怨他怎么会出现在我的生活中，我就不会有如今的智慧，也就不可能靠这些智慧选择一个好人。当然，从那段恋爱中我也找到了我自己的问题。我想从那段经历中吸收全部的教训，因为我不想我一辈子都犯同样的错误。反正，这种方法对我很管用。"

詹娜的新生活令人耳目一新。她并没有想要迅速走出来，也没有想要寻找另一个坏男人来治愈前一个男人造成的创伤。她让自己深吸了一口气。她没有沉浸在对渣男的怨恨里，而是从这段经历中不断汲取智慧，磨砺自己看人的眼光，为下次选对人做好铺垫。当她最终决定和另外一个男人开始时，她也只是缓缓推进。她认为如果这个男人不喜欢这种节奏，也就提示这段感情不对。任何事情都化作了她学习的素材。在挑选伴侣方面她敞开心扉，不固步自封。

她师从自己的所见、所闻、所感。

如今的詹娜活力四射，情绪稳定，年纪轻轻就做出了一番出色的事业。她自己也说，自己非常幸福。

你的新生

你的故事又是什么样子的呢？是重复以往的恶性循环，继续以危险男人为伴，将岁月都浪费在潜在伤害和病态的关系中，还是以自己的过去为鉴，从中领悟到一些智慧和道理，然后凭借这些寻觅到一份白头偕老的真情？

只有你能在生活中腾出空间来自我疗愈。只有你能给自己时间和耐心，了解并改变你之前那套具有毁灭性的择偶模式。你应该将一点一滴的正能量用在创造健康的生活上。从今天起，开启新的改变。你以后的故事又会是什么样的呢？

结语

任何一段感情都无法保证给人带来幸福。尽管如此，每个人都希望自己拥有的亲密关系能给自己带来满足和幸福，要不然，人们又为什么追求亲密关系呢？

与危险或病态的男人恋爱或结婚百分之百会令你堕入灾难之中。把感情投资到这样的男人身上，未来你能得到的只会是失常、不幸和痛苦。你收获的将会是最惨的结局。

本书可以充当你的"救赎"证明，帮助你逃脱将你囚禁起来的既往行为模式，帮你走入一段更健康的关系。根据我在心理领域十五年的从业经验，我认为女性之所以选择和危险、病态的男人在一起，是因为她们不知道应该怎样避开这种男人。我现在已经教了你如何避开。

那些被我成功治愈的女性，都已经练就了一双甄别危险男人的火眼金睛，而这也意味着，她们学会了怎么样躲开危险的亲密关系。既然你也已经具备了我传授的知识，你就可以做出更明智的选择，也可以唤醒你内置的危险预警系统。你已经认识到有害而病态的行为都有哪些特征，并开始反思你的一些自我伤害的行为。关于危险男人的特征，你也已经了然于胸。接下来，完成本书附带的练习，你将能够更深入地认清你应对亲密关系的方式，帮助你制订专属于你的约会黑名单。做完这些练习，你会明白，你需要专业的心理咨询师或医生帮你探究你的行为模式，还需要借助外援帮你结束一段危险关系。

本书弥补了你的知识空白，有了这些新的知识，你将能够如愿驶入幸福、健康的未来。祝你好运！

附录

精神障碍和情感障碍简介

以下是对本书，尤其是第一章节和第七章节所讨论的一些精神障碍和情感障碍的简要描述。请注意，以下内容并没有包含在亲密关系中可能涉及的全部精神疾病。如果你担心他人或自己存在这样的问题，请咨询心理学专业人士。

关于此处所描述的疾病的更多信息，请参阅《精神疾病诊断和统计手册（第4版）》（*Diagnostic and Statistical Manual of Mental Disorders*，4th edition，APA，1994）。

童年障碍

行为障碍

行为障碍表现为忽视或剥夺他人权利的行为，或实施被社会视为"错误"的行为，包括通过口头或身体威胁来传达对他人的敌意、损毁财产、不诚实、偷窃价值低或不必需的物品，频繁违反规则，比如违反宵禁或逃学。

童年被诊断为有行为障碍的人，长大后经常会被诊断出反社会型人格障碍（精神疾病中最为严重的诊断）。

情绪障碍

重度抑郁症及其复发

如果一个人在至少连续两周内表现出明显的抑郁情绪，并且对他或她的大多数日常工作和外部活动提不起兴趣，在临床上就会被诊断为抑郁症。如果症状消失两个月后重新出现，则会被视为复发。

抑郁症的其他症状包括：睡眠障碍，体重增加或减少，激动，精力下降，不必要的内疚，低自我价值感，难以做出决策和集中注意力，存在自杀想法或幻想。

双相情感障碍

双相情感障碍包括躁狂期和混合期。在躁狂期，患者情绪高涨，愉悦感明显，狂喜或者易激惹。患者可能睡眠减少，言语活动增多；可能异常夸大；可能思维跳跃；可能异常忙碌；可能会实施恶性行为，比如酒驾、外遇、滥用金钱、辞职或不负责任。在混合期，患者在躁狂行为和抑郁行为（见上文）之间快速切换。

焦虑障碍

强迫症

强迫症患者被反复出现的想法（强迫性观念）或者反复出现的行为（强迫性行为）所折磨。这些想法和行为占据了患者大部分的时间，使得日常生活充满困难。

患者本人也知道这些想法非常荒谬，但却无法控制。他们也想无视这些想法，想要它们在脑海中消失，但他们却无能为力。

强迫性行为可以包括反复洗手，反复检查是否关了炉子，反复检查是否开车从别人身上轧了过去。强迫性行为和强迫性观念一样不可理喻。患者想要抑制实施这种行为的冲动，但这种刻意的努力反而加剧了他或她的焦虑。

创伤后应激障碍

创伤后应激障碍往往发生于一个人经历了重大灾难性事件（也被称为创伤）后。这一障碍因在大量退役老兵中得以诊断而闻名。现在认为，这种障碍发生于个体经历各类心理创伤性事件之后，比如强奸、目睹他人被杀或亲历恐怖袭击之类的重大事件。表现症状包括记忆闪回至创伤性事件发生时，无法区别是记忆闪回还是现实情形，在特定东西（能令患者想起创伤性事件的东西）的触发下产生焦虑和恐惧。创伤后应激障碍患者在面对这些症状时会努力回避与创伤事件相关联的地点、想法和感受。通常，患者对创伤事件的记忆是不完整的，并且存在睡眠障碍。患者的心理状态单调而抑郁，疏离而缺乏反应性，易激惹，不安和焦虑，患者认为自己会过早死去。

人格障碍（精神疾病）

偏执型人格障碍

有偏执型人格障碍的人怀有对他人的深度不信任，他们怀疑别人在面对他们时的动机，认为别人想以某种方式伤害自己，即便并没有证据支持这种怀疑。

有这种障碍的个体会为自己对他人的怀疑辩解，他们会过度解读他人的无心之言。他们还拒绝透露过多关于自己的信息，因为害怕别人会反过来用他们的话来攻击自己。他们很难经营亲密关系，因为他们会持续地指责伴侣不忠，但又通常拿不出任何的证据。

反社会型人格障碍

反社会型人格障碍的主要特征表现为，对他人的权利和社会规则有着根深蒂固的漠视。这类症状往往以行为障碍的形式起始于儿童时期或青春期早期。成年期的反社会型人格障碍患者由于蔑视社会规则和法律往往会有持续性的行为问题。他们撒谎成性、精于欺诈，他们甚至会欺骗和操控最亲近的家人。他们行事冲动，纯粹按照本能活动，不会进行太多的思考和计划。他们的行为会在多数生活环节中引发矛盾，包括养育孩子、工作、支付账单。他们解决冲突的唯一办法是攻击。采用这种反应模式的患者往往会有多次侵犯他人人身安全的犯罪记录。他们喜欢挑战安全边界，所以经常会做出冲动冒险的行为，比如超速和违章。反社会型人格障碍患者不具备基本的良知，也不会对自己所犯下的恶行忏悔。

边缘型人格障碍

边缘型人格障碍最大的特点在于他们难以处理人际关系，不能调节自己的冲动，会迅速转换对自身的认知。

他们害怕孤单，在关系尚好的时候就臆想出被人抛弃的悲惨景象。他们的人际关系起伏动荡。和一个边缘型人格障碍患者相处的人很难弄清究竟发生了什么事竟能让对方如此不安和愤怒。

他们的情绪经常风云突变，会上演一出出愤怒和恐惧的大戏。他们还会表现出一系列自我伤害的行为，包括滥用药物或酗酒、暴饮暴食、自残、滥交、经常性的自杀倾向。

自恋型人格障碍

自恋型人格障碍最显著的特征是他们觉得自己非常重要，想要炫耀自己的能力。他们膨胀的自我超出了他们的真实能力。因此，自大狂很难理解或满足他人的需求和感受。他们只关心自己的需求，只有当自己是众人目光的中心，能收割他人的赞美之声时，才能觉得心满意足。他们往往会美化自己真实的才能和功绩，以获得别人更多的赞美。自大狂绝大多数的想法都集中在如何获得更大的成就之上。他们认为自己一定能出人头地，一切尽在掌握之中。他们还觉得所谓的规则都是为其他小人物准备的，像他们这样的人则适用另外一套规则。他们没有能力预测他人的感受，也缺少与他人共情的能力。

回避型人格障碍

回避型人格障碍患者会觉得自己低人一等，他们不喜欢和别人待在一起，但当必须和别人共处一室时，他们会觉得所有人都在贬低或嘲讽他。别人对他们行为的小小抱怨都会在他们心中掀起惊涛骇浪，而这又进一步想让他们离群索居。绝大多数回避型人格障碍患者喜欢独自工作，他们尽量避免需要与他人密切协作的场景。他们也会回避一些社交场合，因为害怕会被人拒绝。在亲密关系中对被抛弃的恐惧，反过来也会损坏关系本身。

依赖型人格障碍

这种障碍主要表现为患者持续地需要或想要被人照顾。他们觉得自己没有能力照顾好自己，所以他们执着地寻找别人代劳。他们一想到自己孤单一人，或者每天都要自己做决定就恐惧不已。为了把别人留在自己的生活中，他们会表现得很被动，缺乏自信。他们很少表达自己真正的需求。一旦关系破裂，他们便会疯狂地想再找一段新的关系，重启新一轮的循环。

精神病性障碍或妄想性障碍

精神分裂症

精神分裂症表现为幻想、妄想、言行奇怪。精神分裂症患者往往情绪迟钝或者情绪失常，他们幻听、幻视，能"感觉"到根本不存在的事情。从本质上来看，精神分裂症会逐步消磨人的生命力。

物质相关障碍

物质滥用

物质滥用会造成物质使用超量，并给一个人的生活带来负面的影响。滥用物质的成瘾者也想努力承担他们的社会责任，比如工作、抚养孩子，但是随着时间推移，这些责任越来越难以担负。他们的亲密关系也会受到影响。物质滥用还可能会引起犯罪行为。想要停用滥用的物质，哪怕是在外界的帮助下，也常常以失败告终。

作者简介

桑德拉·布朗（Sandra L. Brown）持有心理学硕士学位。她是一家非营利性暴力犯罪受害者庇护中心的创始人和前执行董事。在该中心工作期间，她既负责行政管理，又作为咨询师向个人和团体提供临床心理咨询服务。

她在医院、精神疗养机构和其他非营利治疗项目中担任心理咨询师。她还承担着课程主讲人、会议讲师的角色，并在大学里教授心理学课程。

桑德拉为一些人道服务机构提供心理咨询服务，治疗与创伤相关的精神障碍。她协助开发了巴西里约热内卢流浪儿童国际项目。她还是电台热线节目的常驻嘉宾，并主持和制作了自己的电视节目《受害者之声》（*A Voice for Victims*）。

她著有《暴力受害者咨询》（*Counseling Victims of Violence*）和《喜欢疯男人的女性》（*Women Who Love Psychopaths*）等书，另外还撰写过许多有关心理咨询和个人成长的文章。